放射性污染土壤化学修复技术

李亦然　高　柏　著

中国原子能出版社

图书在版编目（CIP）数据

放射性污染土壤化学修复技术 / 李亦然，高柏著.
— 北京：中国原子能出版社，2021.12（2023.4重印）
ISBN 978-7-5221-1736-2

Ⅰ.①放… Ⅱ.①李… ②高… Ⅲ.①放射性污染－
污染土壤－修复－研究 Ⅳ.①X53

中国版本图书馆 CIP 数据核字（2021）第242917号

内容简介

铀矿山土壤放射性污染对生态环境产生严重威胁，化学修复是土壤重金属污染治理的主要技术及工程手段。放射性污染相比一般重金属的特殊性、铀矿山周边土壤污染的复杂性、化学药剂残留对生态环境的破坏性及较高的工程成本成为化学修复技术在铀矿山土壤修复领域大规模应用的主要瓶颈。本书系统分析了土壤铀污染修复技术的研究现状，以土壤放射性污染化学修复为研究背景，重点阐述了不同化学药剂对土壤中铀污染去除的影响，论述了采用超声强化的手段提高放射性污染物去除效率的工艺路线，探索了联用磁性羟基磷灰石、海泡石、离子交换树脂等功能材料大幅降低化学药剂耗量，同时最大程度保持土壤原有物理化学性质的技术路线。本书研究内容丰富了土壤放射性污染化学修复的技术体系，实现了土壤放射性污染物快速高效去除，对微量化学药剂联用功能材料实现土壤放射性污染去除进行了探索，具有重要的学术与实用贡献。

放射性污染土壤化学修复技术

出版发行	中国原子能出版社（北京市海淀区阜成路43号　100048）
策划编辑	韩　霞
责任编辑	韩　霞
装帧设计	崔　彤
责任校对	宋　巍
责任印制	赵　明
印　　刷	河北文盛印刷有限公司
经　　销	全国新华书店
开　　本	787 mm×1092 mm　1/16
印　　张	10.25　　　　　字　数　240千字
版　　次	2021年12月第1版　2023年4月第2次印刷
书　　号	ISBN 978-7-5221-1736-2　　定　价　82.00元

发行电话：010-68452845

《铀矿山环境修复系列丛书》
主要作者

孙占学　　高　柏　　陈井影　　马文洁

曾　华　　李亦然　　郭亚丹　　刘媛媛

此套丛书为以下项目资助成果

河北省重点研发计划（18274216D）

核资源与环境国家重点实验室（Z1507）

江西省双一流优势学科"地质资源与地质工程"

江西省国土资源厅（赣国土资函［2017］315号）

江西省自然科学基金（20132BAB203031、20171BAB203027）

国家自然科学基金（41162007、41362011、41867021、21407023、21966004、41502235）

核军工是打破核威胁霸权、维持我国核威慑、维护世界核安全的有效保障。铀资源是国防军工不可或缺的战略资源，是我国实现从核大国向核强国地位转变的根本保障。铀矿开采为我国核能和核技术的开发利用提供了铀资源保证，铀矿山开采带来的放射性核素和重金属离子对生态环境造成的风险日益受到政府和社会高度关注，铀矿山生态环境保护和生态修复被列入《核安全与放射性污染防治十三五规划及 2025 年远景目标》。

创办于 1956 年的东华理工大学是中国核工业第一所高等学校，是江西省人民政府与国家国防科技工业局、自然资源部、中国核工业集团公司共建的具有地学和核科学特色的多科性大学。学校始终坚持国家利益至上、民族利益至上的宗旨，牢记服务国防军工的历史使命，形成了核燃料循环系统 9 个特色优势学科群，核地学及涉核相关学科所形成的人才培养和科学研究体系，为我国核大国地位的确立、为国防科技工业发展和地方经济建设作出了重要贡献。

为进一步促进我国铀矿山生态环境保护和生态文明建设，东华理工大学高柏教授团队依托核资源与环境国家重点实验室、放射性地质国家级实验教学示范中心、放射性地质与勘探技术国防重点学科实验室、国际原子能机构参比实验室等高水平科研平台，在"辐射防护与环境保护"国家国防特色学科和"地质资源与地质工程"双一流建设学科支持下，针对新时期我国核工业发展中迫切需要解决退役铀矿山放射性废物治理和生态环境保护等重要课题进行了系列研究。主要成果包括典型放射性污染场地土水系统中放射性污染物的时空分布特征和迁移转化机制，识别影响放射性污染物时空分布的关键因子，建立土水系统中放射性污染物时空分布的量化表达方法；研发放射性污染土壤高效化学淋洗药剂和功能化磁性吸附材料，识别影响化学淋洗和磁清洗修复效果的关键因素，研发铀矿区重度放射性污染土壤化学淋洗技术、磁清洗技术以及清洗浓集液中铀的分离回收利用与处置技术；筛选适用于放射性污染场地土壤修复的铀超富集植物，探索缓释螯合剂/微生物/植物联合修复技术；应用验证放射性污染场地的土—水联合修复技术集成与工程示范，形成可复制推广的技术方案。

这些成果有助于解决铀矿山放射性污染预防和污染修复核心科学问题，奠定铀矿山放射性污染治理和生态保护理论基础，可为我国"十四五"铀矿区核素污染治理计划的顺利实施提供重要的理论基础和技术支撑。

前言
PREFACE

随着人类对地球资源的开发，更多国家将高效能源列为能源开发的主要方向，随之带来的重金属元素土壤污染问题也日益加重，特别是放射性金属元素的开发，带来的尾矿污染治理也愈发困难。铀元素作为目前主流的核电利用能源，在自然界常表现为 ^{234}U、^{235}U、^{238}U 三种天然放射性同位素，其中 99.28% 为 ^{238}U，同时铀元素在自然界中往往易受到各种水文地球化学作用形成铀酰离子或铀酸根离子，表现出极为活泼的理化性质，拥有很长的半衰期，易从土壤迁移至水体之中。因此，造就了铀元素在土壤中的长的潜伏期与高生物毒性，并通过食物链逐级积累被人体所吸收。同时，在工业与矿山开发中，铀尾矿或铀尾矿周围农田土往往富集大量放射性铀素，在不加防范情况下，通过呼吸道、胃肠道、皮肤或伤口被人体吸收，从而导致肾衰竭等其他并发类综合症。通常情况下铀元素对人体造成的损伤是不可逆的。所以，放射性铀元素土壤污染治理问题，必须长期存在于人类视野中并给予广泛重视与关注。

土壤放射性重金属修复在西方从理论到实践发展相对较为深入，我国真正应用环境工程思路与方法初步发展于 20 世纪 70—80 年代，加之我国自新中国成立以来曾一度以发展生产力作为主要目标，对我国生态及地下土壤造成了较为长期的放射性重金属污染。也正因如此，科研工作者应当对重金属污染土壤进行更为深入研究，分析污染源头与污染源形成机理，考察其迁移转化规律，综合分析国内外已有的环境工程修复方法，不断探索开发新型放射性重金属土壤修复的绿色环保方法。同时，在治理过程中不仅仅是把放射性重金属在土壤中减量化作为唯一目标，更应重视土壤环境质量以及土壤的可再利用，乃至是否可以达到复耕标准的问题，并争取构建重金属土壤修复的完整防治体系。

本书以受铀矿山污染土壤为研究对象，综合分析目前常规的铀污染土壤原位与异位化学修复方法，通过超声法，磁性、有机材料化学吸附化学法辅助化学淋洗，以达到更高的修复效率，并在修复过程中保证土壤环境质量。主要研究包括：① 常规化学淋洗法中淋洗影响淋洗效率的因素。② 超声强化化学淋洗法基于受铀污染土壤淋洗效果分析。③ 磁性材料与有机吸附材料联合化学淋洗修复方法，对于土壤化学淋洗效率的提升。④ 采用温和化学淋洗剂联合吸附材料，循环清洗对于铀污染土壤淋洗效果与淋洗后土壤环境质量的影响。⑤ 通过对土壤形态研究分析优势修复方法对于土壤中铀元素形态的影响。并分析联合修复方法优势并为铀矿山土壤污染治理带来新的修复技术思路。

本书为河北省重点研发计划项目（18274216D）；核资源与环境国家重点实验室开放基金（Z1507）；江西省双一流优势学科"地质资源与地质工程"；江西省国土资源厅（赣国土资函〔2017〕315号）；江西省自然科学基金（20132BAB203031、2017BAB203027）；国家自然科学基金（41162007、41362011、41867021、21407023、21966004、41502235）资助成果。

目 录
CONTENTS

第1章

绪 论

铀是重要的战略资源，也是核能发电最重要的原料。我国铀矿资源类型多而复杂，中低品位居多、矿化不均匀、难处理铀矿所占比例较大。我国南方以花岗岩型、火山岩型等硬岩型铀矿为主，主要分布在江西、广东、湖南、广西等省区。南方硬岩型铀矿开采已有 50 余年历史，其产生的放射性污染的防治问题已引起广泛重视，被列入了《核安全与放射性污染防治"十三五"规划及 2025 年远景目标》。

我国的铀尾矿等固体废物堆放场约有 200 处，分布在 14 个省区 30 多个地区。按照我国当前的生产工艺水平，每生产 1 t 铀金属，大约产生 600 t 铀尾矿[1]。我国铀矿冶生产、冶炼和应用过程中，产生了大量含放射性的重金属尾矿渣，其中含有大量的铀、钍等放射性核素污染物，随着淋滤、风化等作用，使得尾矿周边土壤受到了严重的放射性污染[2]。

1.1 铀土壤污染现状

据调查，铀矿区附近农田土壤中的铀含量比非矿区农田土壤中的铀含量高出 1 个数量级，而铀矿区稻谷中的放射性核素含量比非铀矿区稻谷中放射性核素含量高 2～5 倍。放射性核素铀不能被生物降解，一旦进入环境或被生物体摄入，其潜在的危害性会持久存在，同时具备化学毒性和放射性毒性的特性，可通过呼吸系统或食物链在生物体内累积，造成内照射损伤，引发白血病等癌症，对人类健康危害极大，严重时甚至会危害到人类的生命健康[3-6]。在国内外铀矿开采和冶炼过程中周围土壤受到铀污染也被多次报道，铀矿区土壤中放射性污染问题已受到人们的广泛关注，并且对于铀矿区放射性污染土壤的环境质量评价和土壤污染修复研究中，铀是主要的目标元素[7-10]。

国内外的部分学者对铀污染土壤的修复研究更多是以配制的相关铀污染土壤为研究对象，很难还原铀矿周边实地土壤中污染程度及铀赋存形态的实际情况，对研究结果的可信度也造成很大的影响[11-12]。鉴于不同铀矿区污染土壤的特殊性及复杂性，其各地铀矿区中土壤化学环境不同，土壤中铀的赋存形态不相同，其迁移性及稳定性也不相同。土壤中铀的赋存形态是研究铀土壤污染去除的基础，明确铀的赋存形式不仅可为修复技术筛选与工艺流程制定提供数据依据，而且对预测和评价铀可能的环境迁移行为及后续的生态影响具有重大意义。

综上所述，开展铀矿山放射性污染场地修复技术研究既具有充分的紧迫性和必要性，又具有重要的理论意义和实际应用价值。研究成果可为我国铀矿山土壤修复提供理论和技术支撑。因此，本研究将以某铀矿区周边污染的土壤为研究对象，研究污染土壤中放射性核素铀的淋洗特征，针对不同粒径大小、不同污染程度土壤进行分类淋洗（振荡淋洗、土柱淋洗），分析淋洗前后土壤中铀的形态特征变化，其研究结果对铀矿区放射性污染土壤的减容分类处理、淋洗的工艺及修复评价等工作提供了数据支持和理论基础，也可为铀矿区放射性污染土壤的化学修复工作提供技术支持。

1.2 土壤铀污染修复技术

国内外学者对放射性污染土壤的修复技术有的大量研究，通过借鉴重金属污染土壤的修复方法与原理，已有化学方法、物理方法、生物方法和其他的联合方法[13-15]应用报道。其中物理方法包括客土法、固化/稳定化法以及电动力法等；生物法主要分为植物修复、微生物修复等，而化学方法中包括土壤钝化稳定法、土壤淋洗、堆浸等。而联合修复方法则可取多种修复方法的优点，摒弃缺点，从而得到较好的土壤修复效果。下面将放射性及重金属污染土壤的各类修复方法简单介绍如下：

1.2.1 物理法

物理修复方法是一种使用早，且技术成熟的土壤修复技术，其基本原理是利用物理作用将污染物从土壤中去除或分离。物理法修复污染土壤主要分为工程（客土、翻土）法、固化/稳定化法及电动力法。物理法设计思路和原理各异，对特定放射性土壤污染情况的处理有一定的效果[16]。

（1）客土法

与其他类型的污染土壤处理方法相比，深翻客土和覆盖客土的相应核心操作分别为利用工程装置将受污染的表层土壤铲除、转移到地下和引入外运土壤将受污染土壤覆盖。据国际原子能机构（IAEA）报告，切尔诺贝利事故和福岛核事故后，相关国家和地区都尝试应用铲土去污或深翻客土的方式处理放射性污染的土壤，取得了一定的效果[17]。该类方法简便易行，但并未从根本上消除污染源，很难避免二次污染的隐患，考虑到后续需要进行的一系列处理，该方法的成本偏高。该法对于降低土壤表面污染水平有较好效果，足够厚的清洁土壤可以避免土壤中污染物质进入到食物链中。因此一般情况下，该方法仅对于小面积污染较重土壤的应急处理有一定的应用价值。此外，由于放射性核素具有自然衰变的特性，利用该方法将受污染土壤转移至偏僻的安全区域，在应对一些污染程度较低或污染核素半衰期较短的污染土壤修复项目，也不失为一种有效的策略。

（2）固化/稳定化法

固化/稳定化法是一种防止或降低污染土壤释放有害物质过程的一种技术，一般认为固化/稳定化技术分别包含了两个概念，其中固化主要是强调将污染土壤转化为固态形式，降低污染物暴露的表面积，从而达到控制污染物迁移的目的。而稳定化主要是指将污染物转化为不易溶解、迁移或毒性较小的形态，以实现其低危害化和低污染风险。固化/稳定化过程一般是将污染土壤挖掘出来，将其与稳定剂结合，使其形成固体沉淀物，再投放到适当形状的模具中或特定场地，从而达到污染治理的目的。在美国超基金项目的支持下，该技术在全美得以较为广泛地应用，一度列在污控技术前5名。该方法具有修复时间较短，易操作等优点，是一种常用的污染土壤修复技术[16,18]。如关亮等在对广西某铅锌矿场重金属污染场地进行固化修复处理时研究发现，当水泥、生石灰、粉煤灰三种固化材料在1:2:1和2:1:1进行组合时，达到显著的固化效果[19]。但这一脱胎于重金属污染土壤修复的技术在应用到放射性污染土壤的过程中却出现了很多问题。由于放射性核素的辐射特性，其稳定化难度明显增大，且其固定化的产物也难以如重金属污染固定化产物般用于建筑行业，因此，其修复成本难以控制。同时，由于其并未破坏或减少土壤中放射性污染物质，其长时间的安全性还有待考验。

（3）电动力法

电动力法最早是应用在土壤脱水和油类提取工业中的一种技术，近年来才逐渐应用于污染土壤的修复。其原理类似于电池，利用插入土壤中的两个电极在污染土壤两端加上低压直流电场，在低强度直流电的作用下，发生土壤孔隙水和带电离子的迁移，土壤孔隙水中或者吸附在土壤颗粒表层的污染物根据各自所带电荷的不同而向不同的电极方向运动，使污染物在电极区富集，进而进行集中处理或分离，从而实现对土壤中污染物质的去除[20-21]。该方法适用范围较广，且由于其主要为原位修复，对现有建筑和结构影响最小。但其在应用过程中极易受环境中污染物存在形态，土壤理化性质等因素影响，加之成本偏高，限制了其进一步发展和运用。

1.2.2 生物法

生物法是指利用特殊植物或微生物体系清除土壤和水体中的污染物或降低污染物的毒性，使受到污染的环境在外观和功能上得到恢复。生物法也是一种新兴的环境治理技术，近年来在铀矿区污染土壤的治理修复中越发受到重视。

（1）植物修复法

美国环保局定义植物修复为：运用植物遏制、降解或提取水中或土壤基质中的外源性物质。植物修复类型主要包括植物提取、植物固定、植物降解/植物转化、植物挥发、和根际滤除。其中植物提取在修复过程中最实用。

唐丽等通过盆栽实验发现特选榨菜和泡青菜迁移系数和生物富集系数均大于1，这两种植物地上部分均有较高的铀提取量，适合作为铀的超富集植物[22]。多项研究表明大豆、印度苋菜、紫花苜蓿、向日葵等为铀积累植物；其累积植物可通过根际过滤、吸收、稳定、降解、挥发等途径净化土壤污染物。植物修复法经济、绿色的优点使得其具有十分美好的前景。但受限于超累积植物的特异性吸收、周围环境影响的不可控性和植物生长周期较长等问题，利用植物修复放射性污染土壤要实现从实验室到小试再到进一步放大还需要人们因地制宜地调整实施方案并尝试从多学科合作等角度出发进行优化和完善。

（2）微生物修复法

许多微生物都具有将污染土壤和沉积物中的铀转化为微溶和低毒化学形态低以及支持其可行性的研究周期短。这一潜能对于修复铀污染土壤非常具有吸引力[23-24]。Francis 对铀污染的土壤进行生物降解实验，添加荧光假单胞杆菌对土壤进行降解，并回收了相关放射性核素金属。异化铁还原菌（DIRB 地杆菌和热棒菌类）在氧化地表以下有机污染物（如芳香烃）以及固定铀方面起着重要作用[25-26]。

（3）动物修复

动物修复是指土壤动物群通过直接的吸收、转化和分解或间接地改善土壤理化性质、提高土壤肥力、促进植物和微生物的生长等作用而修复土壤污染的过程[27]。杨居荣等通过对北京某重金属污染区农田上的蚯蚓进行养殖和现场调查发现，蚯蚓对土壤中的重金属有着很好的富集作用，其中威廉环毛蚓对砷的富集能力最强[28]。动物修复有一定的发展前景，目前仍处于摸索阶段，且对于铀污染土壤的动物修复研究较少。

1.2.3 化学法

（1）钝化稳定法

钝化稳定法是向受污染土壤中添加钝化剂，使得土壤中活性状态的重金属转变为惰性，这是是一种土壤污染后紧急处理的方案，其重金属并没有移除，仅变为一种稳定状态的重金属。研究表明有一些矿物材料（如蒙脱石、海泡石、膨润土、硅藻土和沸石等）具有对污染物质的吸附能力。将被污染的土壤与这些矿物质混合，使土壤中的迁移性较强的可交换态等形态固结在土壤晶格中，能大幅降低向周围地块的迁移，减少铬污染的扩散。对矿物材料进行改性或几种材料混合使用，可以显著增强其净化能力，已有大量的相关实验研究结果证实，这些稳定剂可以与重金属发生稳定化反应，降低其有效性和迁移性，是对大多数重金属污染土壤均可适用的。

但此方法也具有一定的局限性：1）重金属污染风险未清除，后期还需要对稳定化后土壤的进行长期的检测及其稳定性进行评估；2）随着稳定化的土壤越来越多，我国用于填埋的场地有限，也直接限制了钝化稳定化法的推广[29]。

（2）堆浸法

堆浸去污属于原位化学淋洗修复过程，主要借助能促进土壤环境中污染物溶解或迁移作用的溶剂，通过水力压头推进清洗液，将其注入到被污染土层中，然后再把包含有污染物的液体从土层中抽提出来，进行分离和污水处理，堆浸法修复相关工艺如图 1.1

所示。清洗液可以是清水，也可以是包含冲洗助剂的溶液，清洗液可以循环再生或多次注入地下水来洗出剩余的污染物。

堆浸法是一种有吸引力的、费用很低的方法，设备和操作都较简单，但适用范围有限，选择使用此方法修复污染土壤时，淋出液的抽提是一个难题，一旦没有处理好，极有可能造成二次污染。该技术主要用于处理地下水位线以上、饱和区的吸附态的污染物。决定该方法是否有效、可实施以及处理费用高低的关键是土壤的渗透性[30]。

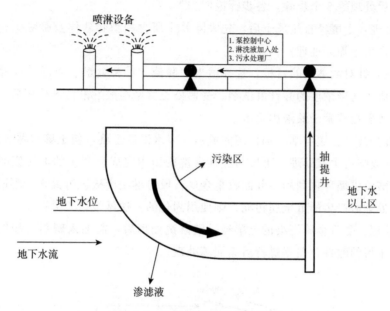

图 1.1　堆浸法修复工艺流程图

（3）化学淋洗法

添加水或合适的淋洗剂，分离重污染土壤组分或使污染物从土壤相转移到液相的技术[14-15]。淋洗修复技术可以有效地减少污染土壤的处理量，实现减量化；同时可快速将重金属污染物从土壤中移除，短时间内完成高浓度污染土壤的治理，成本相对低廉，修复后土壤可再利用，并且可以与其他修复方法联合使用，两两修复技术联合提高修复效果，成为重金属污染土壤修复技术研究的热点发展方向之一。淋洗技术最适用于沙地或砂砾土壤、冲积土和滨海土等，因为砂质土不能强烈吸附污染物，因而只要经过初步的淋洗就能达到预期目标。而质地较细的土壤如红壤、黄壤等与污染物之间的吸附作用较强，通常要经过多次淋洗才能奏效，相关化学淋洗工艺图、设备示意图分别如图1.2、图1.3所示。

目前已有大量关于土壤淋洗的研究工作报道，如 S. S. Kim[13] 利用硫酸和氧化剂在 65 ℃清洗土壤铀污染，其后使用 S-950 树脂处理含铀土壤淋出液，其中的 90% 铀被吸附在树脂之中，且利用 Na_2CO_3 溶液在 60 ℃可以解吸 87% 树脂吸附的铀。A. J. F. And 利用柠檬酸清洗土壤中的铀污染，其后利用生物法和光催化的方法降解土壤清洗液中的柠檬酸络合物，进而回收铀资源[31]。徐辉对利用放射性核素钚污染土壤进行淋洗实验，发现硝酸、盐酸和柠檬酸具有良好的淋洗效果，氧化剂的配合使用在一定程度上可提高淋洗效率[32]。

常应用放射性核素及重金属污染的土壤可采用酸淋洗法处理。在酸淋洗法是以稀酸溶液（如稀盐酸、草酸、柠檬酸、醋酸等）作为受重金属污染土壤的淋洗剂，当酸性淋洗剂淋洗污染土壤时，将与土壤中重金属和放射性核素发生酸溶、螯合作用等，将其释放出来。酸淋洗法技术的处理流程，一般可分为前处理、萃取、淋洗分离、淋洗废酸再生或处理、后处理等5个步骤，各步骤说明如下：

1）前处理：土壤经自然风干后，先去除其中所含的植物残体及筛除砾石、并视情况进行按粒径大小筛分处理；

2）萃取：针对欲萃取的目标，选择适当的酸液（如稀盐酸、草酸、柠檬酸、醋酸等）及调配成为适当浓度的酸性淋洗剂。受污染土壤经与酸性淋洗剂作用后，使土壤中的重金属或放射性核素于酸液中溶出；

3）淋洗分离：土壤与萃取剂作用完成后，以水淋洗土壤，使土壤与淋洗剂分离；

4）淋洗废酸再生或处理：土壤与酸性淋洗剂作用完成后产生的淋洗废酸，可经再生处理回收酸液供循环再利用，并回收重金属；或将淋洗废酸进行处理，不回收酸液及重金属，其处理后产生的重金属污泥，则使用固化的方法做最终处置；

5）后处理：受重金属污染的土壤经过酸淋洗处理后，需加入碱剂（如碳酸钙）以中和处理后土壤的酸性，使得进行后续回填处理。

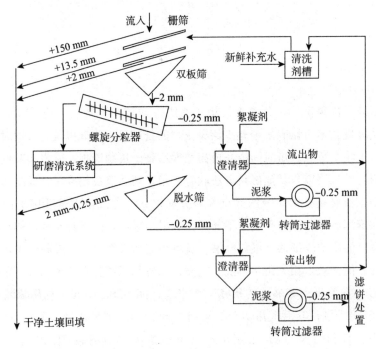

图 1.2　化学淋洗修复工艺流程图

图 1.3 土壤淋洗设备示意图

每种修复方法都有其优势与不足，因此都有着特定的应用范围及环境条件，各种土壤修复方法特征，各修复方法特征总结如表 1.1 所示。但在实际应用中过程中并不是只用一种修复方法，而是两两方法结合，或者多种修复方法组合使用，这样不仅可以取长补短，还可以达到低成本、高能效的双重效果。例如以下几种方法的结合应用：

表 1.1 各种土壤修复方法特点及优缺点

	客土法	固化、稳定化	电动法	植物修复	微生物修复	化学淋洗
修复周期	数周	1—2 月实现 形态变化	数周	数年	数周实现形态变化	数周
重金属/放射性 核素去除效率	无	总量不变 形态变化	去除率 40%～50%	去除率 50%～60%	总量不变 形态变化	去除率 60%～70%
优点	效率高	成本低	操作便捷	环保	成本低	效率高
缺点	不可持续	总量未减少	成本高	周期长	总量未减少	成本高

植物与化学修复的结合，如陈威利用向日葵、博落回、竹柳，两两搭配来修复铀污染土壤，并添加适当草酸、酒石酸等有机酸，可改善其根际环境铀的赋存形态，从而提高植物对铀的吸收[33]。Aboushanab 等利用种植玉米来修复复合污染土壤，并接种枯草芽孢杆菌，联合微生物修复后，可大大提高植物对各重金属的富集效率[34]。Rufyikiri 等对铀污染土壤的盆栽实验中加入 AMF 菌，结果表明 AMF 菌的加入对铀移动至植物根系具有促进作用[35]。

化学与物理修复的结合：Kim 使用改进的大型电动—淋洗设备对铀污染土壤进行去污处理，结果表明在淋洗的环境中附加适当的电压后，可提高土壤的 30% 左右的清洗效率[36]。吴俭利用超声波协同有机酸淋洗污染土壤，结果表明不仅可以提高去除效率，还可大大缩短淋洗修复时间[37]。美国超级基金淋洗技术应用项目就多次利用物理筛分－化学淋洗技术成功修复了重金属、放射性污染土壤场地，详细淋洗工艺如图 1.2 所示，首先将土壤利用物理、水力筛分后，再进行各粒径土壤的分级淋洗处理，不仅淋洗效率可大大提高，而且可使处理的重度污染土壤体积减量化[38]。

常规的放射性污染土壤修复有物理、化学、生物及联合修复等多个技术，但由于各个技术存在的修复成本、去污效率、修复周期等不同特点而产生不同的效果。物理淋洗因去污技术效果有限而很难根除掉土壤中的污染核素；生物修复虽成本低，但去污效率低、周期较长；化学固定则会随着土壤环境条件的变化，放射性核素的活性也可能会发生变化。化学淋洗是可迅速将污染土壤中放射性核素的惰性形态转为活性，使得放射性核素快速的淋洗出来[11]。国外捷克、葡萄牙等国化学淋洗与物理技术联合修复技术开展铀尾矿周边土壤的修复工程，土壤中铀的去除取得了一定的成效。并且化学淋洗可根除土壤中的放射性污染，不易随外界环境变化而增加反弹，因具备修复时间短、效率高等特性，则对于较高污染、修复时效性要求较高的放射性污染场地修复，具有一定的优越性。

并且现阶段国内外多数学者研究多是只针对粒径小于 2 mm 范围的土壤直接进行淋洗修复[37-38]，并未在淋洗前做到分类处理，对土壤进行减量化，也增大了处理污染土壤的体积，从此产生了大量的淋洗废液。在实际污染土壤中，放射性核素在土壤中各粒径的分布极不均匀，若分类筛分可大大提高淋洗效率、节约淋洗产生的费用。因此在化学淋洗修复技术前对污染土壤的粒径筛分显得尤为重要。

1.3　修复评价标准

1.3.1　评价技术方法

如何评价铀矿区周边铀污染土壤的淋洗修复的效果，关键在于对土壤淋洗前后的几个重要指标进行评价，而土壤中铀的淋洗效率、土壤淋洗后铀的总含量、放射性核素铀的形态分布及生物有效性都是重要的评价指标。

（1）去除率及铀的总含量评价

土壤淋洗修复后土壤中的放射性核素铀的去除率及残留总含量，是直观的修复效果的评价指标，但去除率仅代表修复效率，可以针对不同淋洗条件下土壤修复效果进行对比，并不可直接反映了土壤修复是否达标。而土壤淋洗后铀的残留值，是土壤中剩余铀的总含量，是直接评判修复结果是否达标的关键所在。

（2）土壤中铀的形态分析及流动性、稳定性评价

修复前后土壤中铀的形态变化情况，可判断土壤中铀的流动性和稳定性，也是评价淋洗修复技术是重要依据之一。目前最常用的两种形态提取方法有 Tessier 法[39]和

BCR 法[40]，土壤中重金属的不同形态与土壤的结合强度不同，在金属的不同化学形态中，可交换态成分易于生物利用，其生态风险最高，可氧化态（碳酸盐结合态）次之，而可还原态（铁锰结合态和有机结合态）活性较差，残渣态（与土壤中岩石晶格和矿物质相结合的重金属）稳定性最强，不能被植物和微生物利用。并利用土壤中铀的各形态数据进行计算得到的稳定性指数（IR）和流动性指数（MF），可评价淋洗前后铀在土壤中的稳定性和流动性[41]。

（3）土壤中铀的生物可给性评价

在某些污染场地进行风险评估及场地修复时，往往是认为污染物在土壤中的有效性是 100%，但其实不同污染物质在土壤中的生物有效性是不同的，人体肠胃消化道对不同形态的放射性核素或重金属的吸收不同。如铀矿区周边生活的居民（特别对于儿童），铀经手口途径摄入口腔并进入人体胃肠消化道，通过消化道的吸收有效的铀，再进过血液循环最终对人体造成严重的危害。目前对于土壤中放射性核素铀风险评估多是基于土壤中铀的总量，这样往往会高估土壤中铀对人体的风险，这样就会使淋洗过程中成本的提高，造成不必要的浪费，因此对污染土壤中铀的有效性进行分析十分重要。

生物有效性的测量通常是采用粒径小于 0.25 mm 土壤进行试验，因为粒径小于 0.25 mm 的土壤被认为是更容易沾染在皮肤上[42]。目前被用于重金属或放射性核素的生物有效性的实验研究主要有动物活体体内实验和体外试验[43-44]。通过生物活体体内实验是最直接、最准确的分析重金属或放射性核素生物有效性的分析方法，但生物活体试验存在实验的难操作性、成本高、道德伦理等一系列问题，为了更加简单经济的测定土壤中重金属的生物有效性，基于与体内方法的相关性，体外试验方法逐渐发展起来。当前常用的测定放射性核素（重金属）生物可给性的体外方法主要包括相对基于生理学的提取方法（physiologically based extraction test，PBET）、生物有效性浸出方法（Relative Bioavailability Leaching Procedure，RBLAP）、欧洲生物可利用性研究组方法（unified BARGE method，UBM）等[45]。尽管这些提取操作方法会存在着一些差异，但是获得的结果与体内试验生物有效性的结果大部分具有比较好的相关性。而本研究将利用操作简便且生物有效性相关性较高的 RBLAP 提取方法，模拟人体消化道环境对铀污染土壤进行生物可给性分析。

1.3.2 铀污染土壤修复标准

随着国内铀矿区退役工作的推进以及放射性环境污染问题日益严重，国内相继颁布《铀矿采冶设施退役环境管理技术规定》（GB 14586—93）和《铀矿冶辐射防护和环境保护规定》（GB 23727—2009）等相关规定，其中都未明确表明天然放射性核素铀污染土壤的修复标准，而相对重金属或是有机污染土地的修复标准来说，放射性污染土壤修复标准的制定却相对迟缓，土壤修复到什么程度才是清洁很难确定。放射性核素的特殊性，可同时具备化学毒性和放射性毒性，其标准的制定可能会涉及多部门、多行业的合

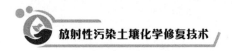

作，与放射生态学、放射毒理学的研究水平有关[46]。

在国外制定的放射性污染修复标准，多是根据其放射性核素产生的人体可接受的最大年有效剂量，反推得到土壤的放射性核素最低含量。如国际原子能机构（1 mSv/a）、欧盟（0.3 mSv/a）、美国（0.25 mSv/a）对公众辐射剂量约束值规定不完全相同。而国内《电离辐射防护与辐射源安全基本标准》（GB 18871—2002）中对公众的辐射防护基本剂量限值是 1 mSv/a；《铀矿冶辐射防护和环境保护规定》（GB 23727—2009）中规定的铀矿冶行业公众受照剂量约束值为 0.5 mSv/a。由于 0.3、0.25、0.5、1 mSv/a 数值之间相差较大，因此为达到相应标准所付出的代价将会相差很大[47]。

如德国辐射防护委员会规定铀矿采冶设施污染场地受污染土壤修复后应达到以下要求：^{238}U 衰变系的单个核素比活度在 0.2 Bq/g 以下时可无限制地使用。美国联邦法规规定在地表上层 15 cm 土壤表层的 ^{226}Ra 平均浓度为 0.18 Bq/g；距地表 15 cm 以下的土层的平均浓度为 0.56 Bq/g。美国环保规定的放射性核素污染土壤修复标准中，规定天然铀的居民用地修复标准为 47 mg/kg。根据我国《电离辐射防护与辐射源安全基本标准》（GB 18871—2002）附录 A 中规定天然铀的豁免水平为 1 Bq/g，其中 ^{238}U 的放射性占天然铀的总放射性的 48%，通过天然铀的比活度换算单位，从而得到天然铀的豁免水平约为 40 mg/kg[11,36,47]。因我国土壤环境质量农用地（建设用地）土壤污染风险管控标准等其他相关标准都未明确规定土壤中铀的风险筛选值和风险管控值，本文为了对淋洗修复效果有一个定量评价，将天然铀 1 Bq/g 的豁免水平，即 40 mg/kg 作为本次研究的修复目标值。

参考文献：

[1] 张新华，刘永. 铀矿山"三废"的污染及治理 [J]. 矿业安全与环保，2003，30（3）：30-32.

[2] 张彪，张晓文，李密，等. 铀尾矿污染特征及综合治理技术研究进展 [J]. 中国矿业，2015，24（04）：58-62.

[3] Ruedig E, Johnson T E. An evaluation of health risk to the public as a consequence of in situ uranium mining in Wyoming, USA [J]. J Environ Radioact, 2015, 150: 170-178.

[4] Hu N, Ding D X, Li G Y, et al. Vegetation composition and ^{226}Ra uptake by native plant species at a uranium mill tailings impoundment in South China [J]. Environ Radioact, 2014, 129: 100-106.

[5] Lu X, Zhou X J, Wang T S. Mechanism of uranium（Ⅵ）uptake by Saccharomyces cerevisiae under environmentally relevant conditions: batch, HRTEM, and FTIR studies [J]. Hazard Mater, 2013, 262: 297-303.

［6］Chaney R L，Malik M，Li Y M，et al. Phytoremediation of soil metals ［J］. Curr Opin Biotechnol，1997，8（3）：279-284.

［7］张彬. 铀矿冶地域土壤中铀污染特征及其环境有效性研究 ［D］. 南华大学，2015.

［8］Yu R C，Sherwood R J. The relationships between urinary elimination，airborneconcentration，and radioactive hand contamination for workers exposed to uranium ［J］. Am Ind Hyg Assoc J，1996，57（7）：615-620.

［9］Papp Z，Dezso Z，Daroczy S. Significant radioactive contamination of soil around a coal-fired thermal power plant ［J］. J Environ Radioact，2002，59（2）：191-205.

［10］Montelongo M Y，Herrera E F，Ramirez E，et al. Study of radioactive contamination in silts and aerosols at Aldama City，Mexico，due to the operation of a yellow-cake processing plant ［J］. J Air Waste Manag Assoc，2015，65（8）：895-902.

［11］沈威，高柏，章艳红，等. 化学淋洗法对铀污染土壤的修复效果研究 ［J］. 有色金属（冶炼部分），2019（11）：81-86.

［12］邹兆庄. 铀矿山放射性污染场地修复技术方法研究 ［D］. 核工业北京地质研究院，2015.

［13］Kim S S，Han G S，Kim G N，et al. Advanced remediation of uranium-contaminated soil，Journal of Environmental Radioactivity，164（2016）：239-244.

［14］Shi Z H，Dou T J，Zhang H，et al. Electrokinetic remediation of uranium contaminated soil by ion exchange membranes，World Academy of Science，Engineering and Technology，10（2016）：114.

［15］Alsabbagh A H，Abuqudaira T M. Phytoremediation of Jordanian uranium-rich soil using sunflower ［J］. Water Air & Soil Pollution，228（2017）：219.

［16］谢广智，骆枫，林力，等. 放射性污染土壤修复方法概述及评价 ［J］. 四川环境，2018，37（1）：164-168.

［17］IAEA. Present and future environmental impact of the Chernobyl accident ［R］. Vienna，Austria，2001.

［18］EPA. International waste technologies / geo-con in situstabilization / solidification （EPA / 540 / A5-89 / 004）［M］. Washington：EPA，1990.

［19］关亮，郭观林，汪群慧，等. 不同胶结材料对重金属污染土壤的固化效果 ［J］. 环境科学研究，2010，23（01）：106-111.

［20］张兴，朱琨，李丽. 污染土壤电动法修复技术研究进展及其前景 ［J］. 环境科学与管理，2008，33（2）：64-68.

［21］USEPA. Introduction to phytoremediation ［J］. United States Environmental Protection Agency，2000.

［22］唐丽，柏云，邓大超，等. 修复铀污染土壤超积累植物的筛选及积累特征研究 ［J］. 核技术，2009，32（2）：136-141.

[23] Lovley D R，Phillips E J P. Bioremediation of uranium contamination with enzymatic uranium reduction [J]. Environmental Science & Technology，1992，26 (11)：1451-1465.

[24] Brim H，Mcfarlan S C，Fredrickson J K，et al. Engineering deinococcus radiodurans for metal remediation in radioactive mixed waste environments [J]. Nature Biotechnology，2000，18 (1)：85-90.

[25] Lovley D R. Environmental microbe—metal interactions [M]. American Society of Microbiology，2000.

[26] Kashefi K，Lovley D R. Reduction of Fe (Ⅲ)，Mn (Ⅳ)，and toxic metals at 100 degrees C by pyrobaculum islandicum [J]. Appl Environ Microbiol，2000，66 (3)：1050-1056.

[27] 李飞宇. 土壤重金属污染的生物修复技术 [J]. 环境科学与技术，2011，(S2)：148-151.

[28] 杨居荣，葛家璘. 蚯蚓对土壤重金属的吸收与富集 [J]. 农业环境科学学报. 1984，3：4-8.

[29] 张文，徐峰，杨勇，等. 重金属污染土壤异位淋洗技术工艺分析及设计建议 [J]. 环境工程，2016，34 (12)：177-182＋187.

[30] 沙峰. 放射性污染土壤的清洗去污研究 [D]. 中国原子能科学研究院，2005.

[31] And A J F，Dodge C J. Remediation of soils and wastes contaminated with uranium and toxic metals [J]. Environ. Sci. Technol，32 (1998)：3993-3998.

[32] 徐辉. 放射性污染土壤中钚的赋存形态及去污技术研究 [D]. 清华大学，2017.

[33] 陈威. 博落回和竹柳间作修复铀污染土壤的研究 [D]. 南华大学，2018.

[34] Aboushanab R A，Ghanem K，Ghanem N，et al. The role of bacteria on heavy-metal extraction and uptake by plants growing on multi-metal-contaminated soils [J]. World Journal of Microbiology & Biotechnology. 2008，24 (2)：253-262.

[35] Rufyikiri G，Huysmans L，Wannijn J，et al. Arbuscular mycorrhizal fungi can decrease the uptake of uranium by subterranean clover grown at high levels of uranium in soil [J]. Environmental Pollution，2004，130 (3)：427.

[36] Kim I G，Kim S S，Kim G N，et al. Reduction of radioactive waste from remediation of uranium-contaminated soil [J]. Nuclear Engineering & Technology，2016，48 (3)：840-846.

[37] 吴俭，潘伟斌，林瑞聪，等. 用酒石酸等有机酸清洗镉锌、镉镍复合污染土壤 [J]. 农业环境科学学报，2015，34 (6)：1076-1081.

[38] 张文，徐峰，杨勇，等. 重金属污染土壤异位淋洗技术工艺分析及设计建议 [J]. 环境工程，2016，34 (12)：177-182，187.

[39] Tessier A，Campbell P G C，Bisson M. Sequential extraction procedure for the

speciation of particulate trace metals [J]. Analytical Chemistry, 1979, 51 (7): 844-851.

[40] Moore F, Nematollahi M J, Keshavarzi B. Heavy metals fractionation in surface sediments of Gowatr bay-Iran [J]. Environmental Monitoring & Assessment, 2015, 187 (1): 4117-4117.

[41] Li S W, Sun H J, Wang G, et al. Lead relative bioavailability in soils based on different endpoints of a mouse model [J]. Journal of Hazardous Materials, 2017, 326: 94-100.

[42] Bourliva A, Papadopoulou L, Aidona E, et al. Characterization and geochemistry of technogenic magnetic particles (TMPs) in contaminated industrial soils: Assessing health risk via ingestion [J]. Geoderma, 2017, 295: 86-97.

[43] 李烨玲. 靶场土壤中铅的环境行为及生物有效性研究 [D]. 中国科学技术大学, 2018.

[44] 张麟熹, 曾昊, 杨周白露, 等. 放射性土壤污染评价及修复标准体系建立的探讨 [J]. 江西化工, 2019, No. 141 (1): 30-33.

[45] 刘晓超, 杜娟. 伴生放射性矿山辐射安全管理现状与对策 [J]. 铀矿冶, 2013, 32 (2): 104-108.

[46] 唐世荣, 商照荣, 宋正国, 等. 放射性核素污染土壤修复标准的若干问题 [J]. 农业环境科学学报, 2007, No. 150 (2): 407-412.

[47] Francis C W, Timpson M E, Wilson J H. Bench-and pilot-scale studies relating to the removal of uranium from uranium-contaminated soils using carbonate and citrate lixiviants [J]. Journal of Hazardous Materials, 1999, 66 (1-2): 67-87.

第 2 章

铀污染土壤化学修复研究

铀在土壤中的环境行为主要受所在土壤的理化条件的影响，可能发生氧化还原、络合、水解、吸附等化学和物理反应，从而改变其形态及迁移行为。土壤中铀的形态特征是化学淋洗修复的基础，明确土壤中铀的赋存形式不仅可为淋洗剂的筛选及修复工艺提供数据支持，还可预测并评价土壤中铀的迁移性及稳定性。

2.1 铀污染土壤性质及其铀形态特征研究

本章以铀污染实际土壤为研究对象，测定其土壤理化性质，并通过物理筛分获得铀在不同粒径土壤中的分布情况，分析铀含量和铀形态分布之间的关系，一方面说明土壤修复前对土壤物理筛分的减容处理的重要性，另一方面也为后续铀污染土壤的淋洗修复技术提供理论依据。

2.1.1 材料与方法

供试土壤采集于南方某铀矿山污染土壤，采样深度均为 0～20 cm。土壤经自然风干，除去植物根系及大石块后，采用湿筛法将土壤过 10 目（2 mm）尼龙网筛，用于测定土壤理化性质；再将土壤分别过 10、60、200 目标准尼龙网筛，按粒径大小分为大于 2 mm、0.25～2 mm、0.075～0.25 mm、小于 0.075 mm 四类，分别对应砾石、砂、砂土和黏土四类[1]。筛分处理后的铀污染土壤用于后续测定不同粒级范围的土壤铀含量及进行室内淋洗实验。

（1）土壤理化性质测定

土壤颗粒组成采用比重法进行测试，pH 采用电位法，有机质采用重铬酸钾容量法，阳离子交换量采用 EDTA－乙酸铵盐交换法[2-3]。

（2）土壤铀含量测定

将待测土样，研磨过 100 目网格筛，称取 0.100 0 g（准确至 0.000 1 g）土壤样品于聚四氟乙烯坩埚中，利用混合酸法进行消解，消解完毕后利用去离子水将壁内冲洗干净待到室温，移至 50 mL 容量瓶中定容，取通过 0.45 μm 滤膜的水样至 10 mL 离心管中，并利用硝酸酸化后，利用电感耦合等离子发射光谱仪（ICP-OES）测定浓度。其铀含量计算如式（2.1）所示。

$$c_{\pm} = \frac{c_0 \cdot v_0}{m_0} \tag{2.1}$$

式中：$c_{\pm}$ 为土样中铀的含量，mg/kg；c_0 为溶液中铀的浓度，mg/L；v_0 为稀释体积，L；（此处为 0.05 L）；m_0 为称取消解土壤重量，kg。

（3）土壤中铀形态提取

采用欧洲共同体标准物质局的 BCR 提取法对土壤中铀的不同形态进行测定，准确称取 0.5 g 待测土壤样品三份，置于 50 mL 离心管中，向其中添加对应的规格及用量的提取剂，在相应的温度下提取结束，具体提取剂用量、提取时间及温度如表 2.1 所示。提取完毕后以 4000 r/min 的速度离心 15 min，离心后取上清液过滤，剩下残渣用于下一步提取，最后一步残渣态提取利用混合酸法消解后测量。各提取的形态均使用 ICP-OES 测定，且最终铀的各形态取三份土壤样品提取结果的平均值。

表 2.1 土壤中铀的 BCR 提取法

铀形态	提取剂规格及用量	提取时间/h	提取温度/℃
弱酸提取态（F1）	20 mL 0.11 mol/L 醋酸（pH=2.8）	16	25
可还原态（F2）	20 mL 0.5 mol/L 盐酸羟胺（pH=2）	16	25
可氧化态（F3）	5 mL 30% 过氧化氢（pH=2）	2	85
F3	5 mL 30% 过氧化氢（pH=2）	1	85
F3	25 mL 1 mol/L 醋酸铵（pH=2）	16	25
残渣态（F4）	（5＋3＋2）mL（硝酸＋氢氟酸＋高氯酸）	2	280

2.1.2 结果与分析

土壤基础理化性质测试结果如表 2.2 所示。由表 2.2 中可知，污染土壤的 pH 为 6.13，土壤呈弱酸性，土壤的阳离子交换量（CEC）小于园林土壤 CEC 参考值（＞14 cmol/kg），说明土壤保肥性低；土壤中砾石占比为 46.29%，砂占比 39.54%，而其中细颗粒（砂土、黏土）占 14.17%，此部分也称为土壤中的黏性部分，黏性部分所在粒径小于 2 mm 土壤中的占比为 26.38%，该部分土壤黏性较大、透水性差。而污染土壤在利用化学淋洗修复时，要求黏性部分在粒径小于 2 mm 土壤的比重小于 30%，因为超过该比例，污染土壤的黏性强、不易透水，直接就会导致淋洗效果较差，即该土壤则不宜使用化学淋洗修复。而此时土壤中黏性部分占比 26.38% 小于 30%，也就说明了该污染土壤适合化学淋洗技术的修复。

表 2.2　土壤的基础理化性质检测结果

项目	pH	有机质/wt%	CEC/(cmol/kg)	砾石>2 mm/%	砂0.25~2 mm/%	砂土0.25~0.075 mm/%	黏土<0.075 mm/%
测量值	6.13	3.68	11.34	46.29	39.54	8.32	5.85

　　分析不同粒级、不同性质的土壤的铀含量分布情况对后续土壤的减量化处理分类淋洗修复具有重要意义。将土壤按不同粒径大小范围（>2、0.25~2、0.075~0.25、<0.075 mm）筛分后，按粒径大小大致分为砾（>2 mm）、砂（0.25~2 mm）、砂土（0.075~0.25 mm）和黏土（<0.075 mm）四类。其中砾石部分为狭义上的土壤，其经过风化、生物等相关作用会转化为广义上的土壤；砂主要为粒状，砂与砂之间孔隙较大，透水性较强；而砂土和黏土都是较小的细颗粒矿物，其表面积较大，渗透性差，也将此部分称为黏性土壤[4]。分别各取 0.1 g 不同粒级土壤样品三份，分别利用混合酸消解后，测定其各粒径土壤中铀的含量，最后三者取平均值。不同粒径土壤铀含量测试结果及铀含量归一化份额如表 2.3 所示，铀土壤粒径的分布情况示于图 2.1 所示。不同粒级土壤颗粒中铀含量差异较大，铀含量最高的为粒径小于 0.075 mm 的黏土，高达147.58 mg/kg，含量最低的为粒径大于 2 mm 的砾石，为 19.28 mg/kg，前者是后者的近 8 倍。由图 2.1 可以发现，土壤铀含量随土壤粒径大小成负相关，土壤粒径越大，其铀含量越低，这是因为粒径越小的土壤颗粒，其比表面积越大，对铀放射性核素的吸附能力也就越强；而大颗粒的砾石，其表面的光滑，吸附位点较少，对铀的吸附能力较弱。

表 2.3　不同粒径土壤中铀含量及归一化份额

粒径范围/mm	质量份额/%	铀含量/（mg/kg）	铀含量归一化份额/%
>2	46.29	19.28	13.62
0.25~2	39.54	92.8	56.02
0.075~0.25	8.32	135.26	17.18
<0.075	5.85	147.58	13.18

　　全粒径土壤按计算方法所得，计算得全粒径土壤有含量为 65.5 mg/kg，土壤中除砾石（19.28 mg/kg）外，其他均已经超出铀污染土壤修复目标值 40 mg/kg。因此为达到减容处理效果，可在淋洗修复前通过物理筛分将粒径大于 2 mm 土壤进行筛分，简单处理后即可进行回填，从而大大减少了污染土壤的处理的体积。土壤中砂（0.25~2 mm）的铀含量归一化份额最高，其质量份额（39.54%）也是仅次于砾石（46.29%），而50% 以上的铀赋存其中，因此这部分也是污土淋洗修复的重点。而对于细颗粒土壤（砂土、黏土）铀含量差异不大，二者质量份额均较低，共占全土壤的 15% 左右，且二者

的铀含量相近，都为渗透性较差、黏性较大的土壤，因此在后续淋洗实验过程中，可将这两粒级性质相似的土壤合并为一类同时淋洗。

对照 2.1 图中的质量份额和铀含量归一化份额分布情况不难发现：土壤粒级越小，质量份额越小，铀含量越大。并且介于各粒级土壤的铀含量、质量份额均差异较大，且大部分铀存在于 0.25～2 mm 的砂中，因此可以针对该土壤的污染分布特性，在修复前先进行物理筛分，将污染土壤分为三类，即分为污染较轻的砾石，修复重点的砂以及土壤性质类似且污染较重的细颗粒土壤，物理筛分完成后再有针对性地对三类土壤进行修复工作。

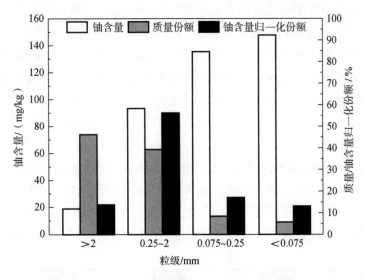

图 2.1 土壤铀含量与粒径关系

BCR 提取法将土壤中金属或放射性核素分为四态，其中弱酸可提取态可为植物、微生物直接利用；可还原态及可氧化态可在外界环境变化时，如当环境中的 pH 或 Eh 变化时，可转化为活性态，即可被植物、微生物直接利用，因此二者也称为半活态；而残渣态则多负载于土壤矿物组分晶格内，在自然土壤理化条件下难以释出，因此也将其称作惰性态。利用 BCR 提取法分别对土壤中黏土（<0.075 mm）、砂土（0.075～0.25 mm）、砂（0.25～2 mm）中的铀进行各形态提取，每次加做两组对照组，控制铀回收率在 95% 以上，否则将重新进行提取。各铀形态提取结果如表 2.4 所示，各粒径形态分布情况占比如图 2.2 所示。

表 2.4　不同粒径土壤各形态提取结果

粒级/ mm	弱酸可提取态/ (mg/kg)	可还原态/ (mg/kg)	可氧化态/ (mg/kg)	残渣态/ (mg/kg)	铀含量/ (mg/kg)
0.25～2	26.91	28.78	3.71	33.4	92.8
0.075～0.25	40.74	50.79	12.13	31.6	135.26
<0.075	38.86	59.21	14.82	34.7	147.58

在淋洗修复过程中，淋洗剂主要可清洗的形态为弱酸可提取态、可还原态和可氧化态，可分别利用弱酸、氧化剂、还原剂等进行清洗；而残渣态多是负载在土壤的矿物中，除强酸、强碱外很难破坏其矿物结晶成分，虽使用强酸、强碱可以去除此类形态，但同时也会对土壤进行二次伤害。如表 2.4 所示，土壤中砂（0.25～2 mm）、砂土（0.075～0.25 mm）和黏土（＜0.075 mm）的残渣态含量很接近，分别为 33.4、31.6、34.7 mg/kg，土壤中此部分形态的铀很难被去除干净，而砂的残渣态占比最高，为 36％，所以可能同等淋洗条件下，砂的淋洗效率可能会偏低。

而各粒级土壤中的铀的可氧化态占比均较低，都未超过所在粒级的 10％，而砂土与黏土中铀的可还原态都占比最高，分别为 38％、40％，且其他形态上都比较类似，不同于砂中铀的形态分布情况，这也再次证实了将砂土与黏土同时淋洗的可行性。而各粒级土壤中除铀的可氧化态外，其他形态占比均超过 20％。根据各粒径土壤中形态分布及各形态的特性，其中残渣态为固化态，较难以去除，可氧化态虽为半活性态，但其赋存含量较低，且各粒径土壤中的可还原态和弱酸可提取态二者共同占比均超过 60％，因此这两种形态的铀是本次淋洗的重点。

综上所述，土壤铀的形态检测分析结果也为后续淋洗剂的筛选提供了依据，其中铀的可还原态、残渣态部分占比均较多，而可氧化态较少，因此后续在筛选淋洗剂时，可偏向选择酸性、还原性较强的淋洗剂，主要去除土壤中铀的弱酸可提取态和还原态，而对于淋洗细颗粒土壤时，若添加少许氧化剂等辅助淋洗，可能会提高去除率。

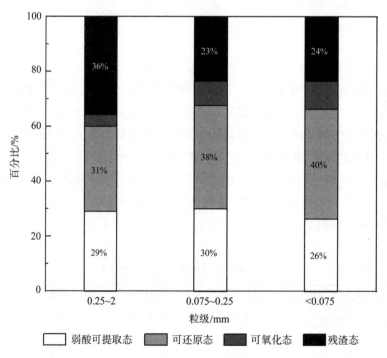

图 2.2　各粒级土壤中铀的形态分布情况

2.1.3　小结

（1）供试土壤为弱酸性，土壤的有机质、CEC 含量较低；土壤中砾石、砂、砂土、黏土的铀含量分别为 19.28、92.8、135.26、147.58 mg/kg，除砾石外，其余铀含量均超出铀的目标修复值（40 mg/kg），建议在淋洗前可通过物理筛分去除砾石，来减少污染土壤处理体积。

（2）土壤中含铀量大小分布与土壤粒径成反比，即土壤粒径越大，其含铀量越低。而各粒级土壤中铀含量归一化份额按大小排序分别为砂（57.43%）、砂土（16.63）、砾石（13.19%）、黏土（12.76%），其中土壤中砂是本次淋洗修复重点。

（3）砂土、黏土中铀的形态分布类似，土壤性质都属于黏性土壤，且铀含量接近，为优化淋洗流程，后续淋洗中考虑可将两种粒级土壤一同淋洗。

（4）各粒级土壤中铀的可还原态（30%～40%）、残渣态（20%～40%）占比都较高，且细颗粒土壤中铀的可氧化态相对较多，后续选择淋洗剂时，可偏向酸性、还原性较强的淋洗剂，进行有针对性的淋洗修复。

2.2　淋洗剂筛选及淋洗效果研究

化学淋洗的主要作用是破坏土壤组分对铀的物理和化学吸附，溶解土壤表面或是土壤矿物结晶中的铀，从而由固相中释放到液相。选择合适淋洗剂是淋洗效果好坏的关键所在，而淋洗工艺的参数条件是另一个关键也影响淋洗的效率。根据前述结果及前人研究成果[4]，本章利用土壤中砂（0.25～2 mm）、细颗粒（<0.25 mm）部分进行振荡淋洗，选用有机酸、螯合剂、生物表面活性剂等作为铀污染土壤的淋洗剂，并优化相关淋洗参数（浓度、固液比、淋洗时间、复合淋洗等等），从而得到较优的淋洗方案。

2.2.1　材料与方法

供试土壤采集处理同 2.1.1，将土壤按粒级（0.25～2、<0.25 mm）筛分后，得到土壤中砂、细颗粒（砂土、黏土）部分，并分开依次进行淋洗，两类土壤经消解后测得其铀含量分别为 92.8、142.62 mg/kg。分别称取砂、细颗粒土壤各 5.00 g（精确到0.01 g）置于锥形瓶（250 mL）之中，根据以下各实验的淋洗条件进行振荡淋洗，恒温振荡器转速 200 r/min，振荡淋洗完成后，移至离心管中 4000 r/min 离心 10 min，所得上层淋洗废液通过 0.45 μm 水系滤膜过滤后，最后利用 ICP-OES 测定淋洗废液中铀的浓度。相关各实验淋洗条件如下：

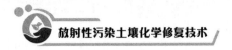

（1）淋洗剂的筛选

淋洗条件：选用去离子水、碳酸钠、柠檬酸三钠，鼠李糖脂、皂角苷、乙酸、柠檬酸、酒石酸、苹果酸、草酸为淋洗剂，浓度为 1 mol/L（除鼠李糖脂为 5％、皂角苷为 25 g/L），液固比（mL∶g）为 20∶1，温度 25 ℃，振荡时间 12 h。

（2）淋洗时间对淋洗效果的影响

淋洗条件：选用（1）实验中得到的淋洗效果较好的三种淋洗剂（草酸、柠檬酸、酒石酸），浓度为 0.5 mol/L，液固比（mL∶g）为 10∶1，温度 25 ℃，振荡时间分别设为 1、2、4、8、12、24 h。

（3）淋洗剂浓度对淋洗效果的影响

淋洗条件：选用草酸、柠檬酸、酒石酸为淋洗剂，浓度分别设为 0.1、0.25、0.5、1 mol/L，液固比（mL∶g）为 10∶1，温度 25 ℃，振荡时间为 8 h。

（4）液固比对淋洗效果的影响

淋洗条件：选用草酸、柠檬酸、酒石酸为淋洗剂，浓度 0.5 mol/L，液固比（mL∶g）分别设为 2.5∶1、5∶1、10∶1、20∶1，温度 25 ℃，振荡时间为 8 h。

（5）温度对淋洗效果的影响

淋洗条件：选用（1）实验中淋洗效果最好的草酸为淋洗剂，浓度为 0.5 mol/L，液固比（mL∶g）为 10∶1，温度分别设为 25、45 ℃，振荡时间为 1、2、4、8、12、24 h。

（6）复合淋洗剂对淋洗效果的影响

淋洗条件：选用草酸、柠檬酸、酒石酸为淋洗剂，浓度为 0.5 mol/L，液固比为 10∶1，温度为 25 ℃，将淋洗剂两两组合复合淋洗，共 9 组复合淋洗组合方式，加上单一淋洗 3 组对照组，即两种粒级土壤复合淋洗加单一淋洗对照组共计 24 组，具体各组淋洗实验编号如表 2.5 所示。实验组中的混合淋洗，淋洗剂为混合淋洗剂（两种淋洗剂 A、B 混合），两种淋洗剂 A、B 浓度均为 0.5 mol/L，一同振荡 8 h；而顺序淋洗则是 0.5 mol/L 的两种淋洗剂 A、B 分别振荡 4 h，当淋洗剂 A 淋洗完成 4 h 后，离心、过滤、收集上层废液完成后，继续添加淋洗剂 B 淋洗 4 h。

表 2.5　复合淋洗实验方案

淋洗组合方案		实验组编号	
		<0.25 mm	0.25～2 mm
复合混合淋洗 （淋洗剂 A 4 h＋淋洗剂 B 4 h）	①草酸＋柠檬酸	1-1	1-2
	②草酸＋酒石酸	2-1	2-2
	③柠檬酸＋酒石酸	3-1	3-2

淋洗组合方案		实验组编号	
		<0.25 mm	0.25～2 mm
复合顺序淋洗 （淋洗剂 A＋淋洗剂 B）8 h	④草酸＋柠檬酸	4-1	4-2
	⑤草酸＋酒石酸	5-1	5-2
	⑥柠檬酸＋草酸	6-1	6-2
	⑦柠檬酸＋酒石酸	7-1	7-2
	⑧酒石酸＋草酸	8-1	8-2
	⑨酒石酸＋柠檬酸	9-1	9-2
单一淋洗 （淋洗剂）8 h	⑩草酸	10-1	10-2
	⑪柠檬酸	11-1	11-2
	⑫酒石酸	12-1	12-2

以上淋洗实验中所用玻璃仪器均利用 10％左右硝酸酸化后烘干使用，每组实验多作 2 组平行组，并确保每次实验 ICP-OES 测试放射性核素铀的标准曲线 $R_2 \geqslant 0.999$。所有数据分析、统计及图件绘制使用 Origin 2018、SPSS 18。其土壤中铀的淋洗效率计算方法如式（2.2）所示。

$$D = \frac{w_2}{w_1} = \frac{c_1 \cdot v_1}{c_\pm \cdot m_1} \qquad (2.2)$$

式中：D 为铀的淋洗效率，％；w_1 为淋洗土样中铀的总量，mg；w_2 为淋出废液中铀总量，mg；c_1 为废液中铀的浓度，mg/L；v_1 为淋洗体积，L；$c_\pm$ 为土样中铀的含量，mg/kg；m_1 为淋洗土壤质量，kg。

2.2.2 结果与分析

（1）淋洗剂

为探究不同淋洗剂对土壤中砂、细颗粒土壤的淋洗效果影响，各类淋洗剂对砂（0.25～2 mm）和细颗粒（<0.25 mm）土壤的淋洗效果如图 2.3 中所示。由图显示，每一种淋洗剂对砂中铀的去除率均低于对细颗粒土壤中铀的除去率，这可能与土壤中铀的形态分布有关，前述形态分析结果表明砂中的铀的残渣态（36％）比较细颗粒土壤（24％）大，后续也将对淋洗前后土壤中铀的形态特征分析，从而进一步解释此类现象。

由图 2.3 中可以看出，去离子水对砂和细颗粒土壤中铀的去除率均低于 5％，由此可知普通的物理淋洗很难有效去除土壤中的铀，如不改变其 pH、Eh 等土壤环境条件，将难以将土壤中半活性态、固定态的铀激活释放出来。而不同淋洗剂对土壤中细颗粒和砂中的铀去除率差异较大，各淋洗剂对土壤中铀的淋洗效果由大至小依次为草酸＞柠檬

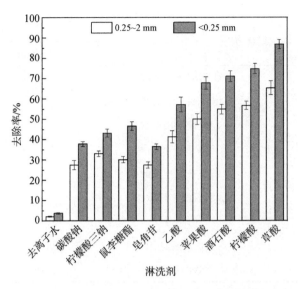

图 2.3　淋洗剂对不同粒级土壤的淋洗效果

酸＞酒石酸＞苹果酸＞乙酸＞鼠李糖脂＞柠檬酸三钠＞碳酸钠＞皂角苷＞去离子水，其中草酸对细颗粒土壤中铀的去除率最高，为 86.9％，去离子水对砂中铀的去除率最低，为 2.17％；淋洗剂中的去离子水、碳酸钠、柠檬酸三钠、鼠李糖脂、皂角苷对两类土壤的淋洗效果均低于 50％，其淋洗效果较差，虽螯合剂和生物表面活性剂在淋洗修复中有很大的优势，如环保、可降解、无二次污染等等，但对铀这种放射性核素污染土壤的淋洗效果较差，不能满足将污染土壤修复后达标的目的，因此后续淋洗实验主要选用淋洗效果较好的有机酸如草酸等作为淋洗剂。

乙酸较其他的有机酸对土壤中铀淋洗效果较差，是因为其酸性较弱，且乙酸的重金属螯合的稳定常数较低，与重金属反应生成可溶螯合物的能力较差[5]。乙酸是 BCR 化学提取法第一步弱酸可提取态所用的试剂，第二步可还原态提取试剂为盐酸羟胺，本次污染土壤中铀的淋洗重点为弱酸可提取态和可还原态，其中草酸是种较强的还原剂，可溶解土壤中的铁锰氧化物、氢氧化物，是一种常用的提取土壤中可还原态的提取剂[6]。这也进一步解释了草酸对土壤中砂和细颗粒土壤中铀的淋洗效果是最好的原因，而后续也将主要针对淋洗效果较好的酒石酸、柠檬酸、草酸进行淋洗条件优化的实验，并仿照 BCR 化学分步提取的方法，将进行复合顺序、复合混合淋洗，进一步提高土壤中铀的去除效果。

（2）淋洗时间

污染土壤的淋洗修复过程是一种吸附与解吸的动力学平衡的过程，且需要一定的时间才可以达到平衡状态，振荡淋洗时间是影响淋洗效率的重要参数，淋洗的时间过长，成本消耗就会越大，淋洗时间过短则土壤可能还未达到修复目标，所以调整适合的淋洗时间，既可以缩短修复时间，提高效率，又可节约淋洗的成本，提高其实用性。

图 2.4、图 2.5 中分别为土壤中砂、细颗粒部分中铀的去除率随淋洗时间的变化。

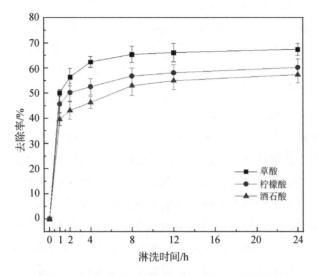

图 2.4 中砂粒级土壤铀去除率随时间变化关系

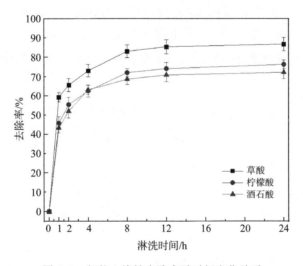

图 2.5 细粒土壤铀去除率随时间变化关系

由图中可得，在一定范围内，每种淋洗剂对污染土壤中砂、细颗粒中铀的去除率均随着淋洗时间的增加而增加，但铀的去除率增速随均时间增加而降低。在前 2 h 淋洗中，无论是砂还是细颗粒部分中的铀的去除率快速上升，此时在前 2 h 淋洗的去除率占淋洗完成后去除率的 70％以上；2～8 h 在淋洗时间内，铀的淋洗速率减小，其铀的去除率逐渐缓慢增加，此时去除率占淋洗完成后去除率的 90％以上；在淋洗到 8～24 h 时，铀的去除率不再有明显上升，最终都是逐渐趋于稳定。淋洗初期，随着淋洗时间的增加，铀的去除率增速较大，之后逐渐降低，这可能是在淋洗的初期，土壤中弱酸可提取态和可还原态的弱结合态快速解吸出来；但随着淋洗时间继续的增加，与土壤结合紧密的铀的残渣态也逐渐被淋洗出来，因此解吸速度开始变缓，逐渐达到平衡。

因此，三种有机酸淋洗剂对两类污染土壤的淋洗过程可大致分 3 个淋洗的阶段，0～2 h 为快速淋洗阶段，2～8 h 为缓慢淋洗阶段，8～24 h 为稳定平衡阶段，从而确定对两类污染土壤（细颗粒、砂）的适合淋洗时间均为 8 h，黎诗宏、Li 等[6-8]利用有机酸对污染土壤淋洗时，也发现其污染土壤的较理想的淋洗时间为 8 h，与本次得到适合淋洗时间一致。

（3）浓度对淋洗效果的影响

对照铀去除率随浓度变化图 2.6、图 2.7 不难发现，无论是土壤中的砂还是细颗粒部分，淋洗剂浓度逐渐增长至 0.5 mol/L，去除率迅速上升，但浓度大于 0.5 mol/L 之后，去除率的增幅均出现放缓的情况，这与 UDOVIC 等[8]研究结果一致，即随着淋洗剂的浓度梯度提高，铀去除率不会同等梯度提高。柠檬酸浓度由 0.5 升至 1 mol/L 时，无论是砂还是细颗粒，铀的去除率均有略微的有所下降，柠檬酸的浓度的升高，淋洗剂的 pH 更低，其酸性也得到增强，按常规来解释，此时应该更易溶解释放出土壤中铀，提高铀的去除率。但柠檬酸浓度过高后，可能会产生重结晶的沉淀，与土壤中铀的螯合作用也得到了抑制，此时就产生了去除率不升反降的现象。并且草酸与酒石酸的浓度从 0.5 提升至 1 mol/L，其对应的去除率均保持相对的稳定，并没有明显的上升，因此在实际淋洗的过程中，末了尽量减少二次污染的产生，也为了降低其淋洗的费用成本，可选择淋洗浓度较低，且淋洗效果较好的合适浓度，因此三种淋洗剂均选择 0.5 mol/L 为适宜淋洗浓度。

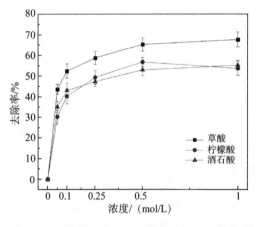
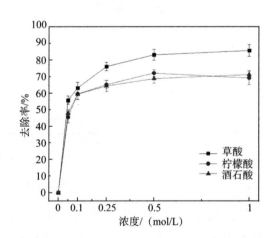

图 2.6　土壤中砂的铀去除率与淋洗剂浓度关系　图 2.7　细颗粒土壤中铀去除率与淋洗剂浓度关系

（4）液固比对淋洗效果的影响

液固比是淋洗修复过程中一个重要调配参数，选取合适的液固比不仅影响土壤中铀的去除效果，并且直接关系着淋洗成本。图 2.8、图 2.9 分别反映了细颗粒和砂中铀的去除率与液固比的关系。

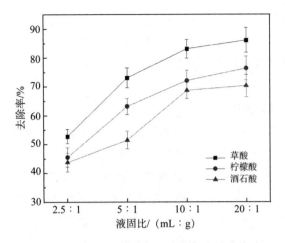

图 2.8　细颗粒土壤的铀去除率与液固比关系

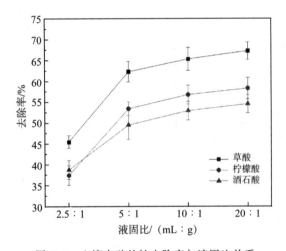

图 2.9　土壤中砂的铀去除率与液固比关系

由图 2.8、图 2.9 可知，液固比（mL∶g）从 2.5∶1 提升至 20∶1，土壤中铀去除率均逐渐增加，并最终趋向稳定，三种淋洗剂均在液固比为 20∶1 淋洗条件时，达到最大值。这是因为随着液固比的提升，淋洗剂的交换和络合能力也得到了增强，但固液比达到一定的限值时，土壤中吸附的铀也逐渐达到了解吸平衡，因此随着液固比继续增大，去除率的增幅变小或逐渐趋于稳定。而土壤中砂与细颗粒部分在不同的液固比淋洗条件下，其达到解吸平衡时的液固比条件也不尽相同。其中颗粒较粗，铀含量（92.8 mg/kg）相对较低的砂，当液固比为 5∶1 时，三种淋洗剂的淋洗均接近吸附平衡状态；其而颗粒较细，铀含量（142.62 mg/kg）相对较高的细颗粒土壤，液固比从 5∶1 升至 10∶1 时，三种淋洗剂的铀去除率仍有 10% 左右的较大提升。此现象的原因可能是因为淋洗过程中，淋洗剂将固相中的铀逐渐解吸转移至液相中，产生了二者之间相对铀的浓度差，而当液固比越大时，也就降低了铀含量较高的细颗粒土壤淋洗条件下的浓度差，也进一步促使土壤中铀向液相中转移。

液固比越大修复效果固然会较好，但这样会增加淋洗剂的用量，直接造成淋洗成本的增加，因此，基于本次淋洗实验结果，淋洗参数液固比对土壤中砂和细颗粒中铀的淋洗影响不同，可选择较理想的液固比分别为 5∶1、10∶1。

（5）温度对淋洗效果影响

0.5 mol/L 的草酸为淋洗剂，分别在 25 ℃和 45 ℃淋洗条件下对土壤中砂和细颗粒部分进行淋洗。如图 2.10 所示，温度的上升，各时段铀的去除率均上升 10%～15%，与 25 ℃淋洗条件相比，45 ℃振荡淋洗时铀的淋洗速率更高，且相同条件下，更早的达到了淋洗稳定平衡状态。在 25 ℃条件淋洗，淋洗过程分为 0～2 h 为快速淋洗阶段，2～8 h 为缓慢淋洗阶段，8～24 h 为稳定平衡阶段，而在 45 ℃条件下，缓慢淋洗阶段也缩短为 2～4 h，即在淋洗 4 h 后，铀的去除率趋于稳定，进入了稳定平衡阶段。因此提高温度加速了的铀的解吸速率，更利于铀的释放，并且可以大大缩短淋洗的时间，在 45 ℃淋洗条件下，只需 4 h 左右，土壤中大部分的铀即可淋洗出来。铀污染土壤随温度变化见图 2.10。

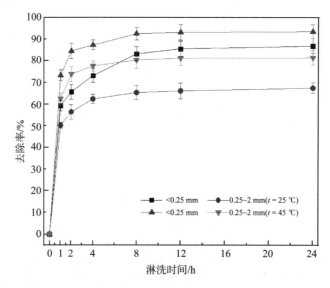

图 2.10 污染土壤中铀去除率与淋洗温度关系

（6）复合淋洗对淋洗效果影响

单一的淋洗剂由于具有其独一的淋洗特性，可针对土壤中部分形态放射性核素，但当存在污染程度大且复合多种重金属污染时，单一的淋洗剂修复就可能达不到理想的去除效果，而选择合适的复合淋洗剂可有效地提高淋洗效果[9]。本实验将淋洗效果较好的三种有机酸（草酸、柠檬酸和酒石酸）两两组合分别进行复合（混合、顺序）淋洗，从而探寻淋洗效果较好的复合淋洗组合，各淋洗组合对土壤中铀的淋洗效果如图 2.11 所示。

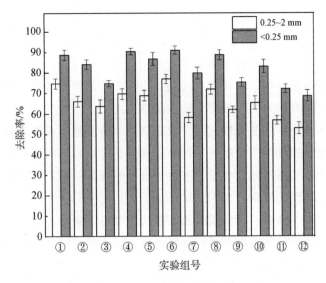

图 2.11 不同组合淋洗剂与淋洗效果关系

由图 2.11 可知，复合（顺序、混合）淋洗对土壤中铀的去除效果均优于单一淋洗，而复合淋洗中，顺序淋洗对土壤中铀的去除效果优于混合淋洗。较单一淋洗剂淋洗而言，混合淋洗是两种淋洗剂同时作用于污染土壤；顺序淋洗和混合淋洗虽淋洗作用时间相同，但顺序淋洗（4 h 淋洗剂 A＋4 h 淋洗剂 B）相当于增加了淋洗次数，提高了一倍液固比，且有前期研究结果可知，0～4 h 是淋洗的淋洗效率较高的时间阶段，这也解释了顺序淋洗较混合淋洗效果好，混合淋洗较单一淋洗效果好。

不难发现含有草酸的复合淋洗组合（淋洗编号①、②、④、⑤、⑥）的淋洗效果明显优于其他不含草酸的淋洗组合。草酸是一种酸性较强的天然有机酸，同时具有一定还原性和螯合性。三种淋洗剂均具有一定的酸性、还原性、螯合性，但草酸的酸性和还原性均大于柠檬酸、酒石酸[10]。其酸性可有效破除土壤团聚体结构，溶解土壤基质，使有毒有害的重金属离子解析暴露出来，同时发生还原与络合等作用，进一步提高铀的迁移性，而三种淋洗剂的淋洗组合对污染土壤中的铀的淋洗实验，也证实了三种淋洗剂复合淋洗时未发生拮抗作用，且两两协同促进土壤中铀的释放。

对土壤的砂与细颗粒部分中的铀淋洗效率最高的组合，均是复合淋洗的实验组⑥号（柠檬酸 4 h＋草酸 4 h），其铀的去除率分别高达 77.03%、91.12%，铀含量分别降至 21.32、12.66 mg/kg，均达到本次制定的修复目标（40 mg/kg）。

在本次复合淋洗实验中也提供了一种淋洗思路，并不是需要所有的淋洗参数均达到最优，需对照着综合优化淋洗方案中的各个淋洗参数。如本次顺序淋洗其实是增加了淋洗的次数及液固比，降低了淋洗时间。而淋洗时间、液固比的降低固然会影响淋洗效率，但增加淋洗次数同样是可以提高铀的去除效率，从而达到修复目标。因此如何调整好淋洗修复中的各个淋洗参数，利用更经济的淋洗成本，达到较好的淋洗效果，是土壤淋洗修复工作中的关键。

2.2.3 小结

（1）在相同淋洗条件下，对比各淋洗剂对土壤中铀的淋洗效果，考虑环保、经济等因素，选用草酸、柠檬酸和酒石酸作为较理想淋洗剂。

（2）通过单因素控制实验发现，在一定范围内，适当的延长淋洗时间、提高淋洗剂浓度、增加液固比、提升淋洗温度并选择合适的复合淋洗，均可以提高污染土壤中铀的去除效果。土壤的砂与细颗粒部分较为理想的淋洗时间为 8 h，淋洗剂浓度 0.5 mol/L，砂与细颗粒的理想液固比分别为 5∶1、10∶1。

（3）将 0.5 mol/L 草酸、柠檬酸和酒石酸两两复合（顺序、混合）淋洗，结果表明复合（顺序、混合）淋洗对土壤中铀的淋洗效果均优于单一淋洗，而复合淋洗中，顺序淋洗的效果优于混合淋洗。

（4）在淋洗剂浓度为 0.5 mol/L，液固比为 10∶1，温度 25 ℃，采用复合顺序（柠檬酸 4 h＋草酸 4 h）淋洗方式，此淋洗条件下土壤中铀的去除效率最高，土壤的砂与细颗粒部分中铀的去除率分别为 77.03%、91.12%，铀含量分别降至 21.32、12.66 mg/kg，均达到修复目标。

2.3 土柱模拟化学淋洗修复效果研究

目前，大多数针对化学淋洗修复污染土壤的研究多是集中在静态平衡条件下的振荡淋洗的影响因素研究，而动态非平衡条件下的土柱实验研究报道较少，该淋洗方法主要是将污染土壤置于柱子之中，将通入适当的淋洗剂，之后再将淋出液收集。土柱淋洗实验具有一定的仿真性，可以较真实的模拟体量较大土壤的异位甚至是原位化学淋洗，与振荡淋洗进行对比，对化学淋洗技术应用和开发更具有实际工程意义。

由前期两类供试土壤（<0.25 mm、0.25~2 mm）理化性质分析已知，其铀含量及土壤中铀的赋存形态差异较大，其中土壤中细颗粒部分（<0.25 mm），其黏性较大、透水性差。利用细颗粒部分土壤进行土柱淋洗时发现，其淋洗速度慢、导致淋洗耗时长，铀的去除率也较差。因此本章主要以透水性较好的砂（0.25~2 mm）作为研究对象进行土柱淋洗，并选用淋洗效果较好的草酸、柠檬酸、酒石酸作为淋洗试剂，并探究了不同淋洗方式（脉冲式、连续式）、不同淋洗浓度、不同土柱深度对铀污染土壤的淋洗效率，并对比静态平衡条件下的振荡淋洗与动态非平衡条件下的土柱淋洗的异同，分析对比两种淋洗工艺的铀去除效率的影响因素。以期为铀污染土壤的化学淋洗修复实际应用提供参考价值。

2.3.1 材料与方法

（1）土柱实验装置

供试土壤采集处理同 2.1.1，取土壤筛分后的砂（0.25～2 mm）进行后续淋洗实验。图 2.12、图 2.13 分别是本此实验所用的装置示意图及实物图，主要由储液器、蠕动泵、淋洗柱装置和收液器组成，所用的淋洗柱为有机玻璃材质，其中有机玻璃淋洗柱的内径为 3 cm，高为 50 cm，装置如图 2.13 所示，淋洗柱共分为上、中、下 3 层，每层 10 cm，各层由法兰拼接组合。淋洗柱的底部铺上 4～6 cm 厚的石英砂，石英砂上放置过滤网，用以减少土壤淋滤损失并保证淋洗液能够顺畅淋出土体；将 300 g 供试土壤（砂部分）由下往上层层填充，土壤最上层铺一层滤纸，使淋洗过程布水均匀同时不形成沟流。土壤填装完之后，将装填好的土柱由下向上渗入去离子水，使得土壤完全浸湿。用蠕动泵按 5 mL/min 的流速向淋洗柱中加入不同浓度的淋洗液，同时收集滤液。滤液用 0.45 μm 的滤膜过滤酸化后，利用电感耦合等离子体原子发射光谱仪（ICP-OES）测定其铀含量，土壤中铀的去除率同式（3-1）计算。实验前对土壤孔隙体积进行测定，经过测定该装供试土壤孔隙体积约为 100 mL，后续土柱淋洗实验将一个孔隙体积作为淋洗的单位，即间断的收集每一个土壤孔隙体积淋洗液。

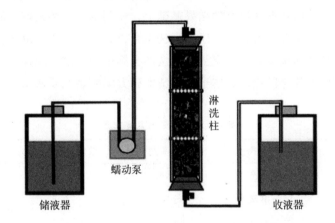

图 2.12　土柱淋洗装置示意图

（2）脉冲式/连续式淋洗实验

脉冲式土柱淋洗：淋洗剂选用 0.5 mol/L 的草酸，淋洗液的淋洗体积选择为 15 倍的土样孔隙体积（100 mL），即 1500 mL；脉冲式淋洗的方式是每淋洗 1 孔隙体积的淋洗剂，则关闭蠕动泵及淋洗装置下端阀门，使其淋洗剂静止于土壤之中 20 min（淋洗 1 个土样孔隙体积时间），使淋洗剂与土壤充分接触反应，20 min 后重新打开蠕动泵和阀门继续淋洗，如操作共脉冲式淋洗 15 次。连续式土柱淋洗：淋洗剂同样选择 0.5 mol/L 的草酸，采用 15 倍的土样孔隙体积，每 1 孔隙体积（100 mL）取样一次，

图 2.13　土柱淋洗装置实物图

连续不间断取样 15 次。

（3）土柱淋洗参数优化对比实验

基于前期振荡淋洗筛选的三种淋洗剂，并得到当理想淋洗剂浓度为 0.5 mol/L、液固比为 10∶1。并且发现选择合适的复合淋洗可提升铀的去除率，振荡淋洗中效果较好复合淋洗组合为①、②、⑧，即分别为混合（草酸＋柠檬酸 8 h）、顺序淋洗（柠檬酸 4 h＋草酸 4 h）、顺序淋洗（酒石酸 4 h＋草酸 4 h）。后续开展的土柱淋洗均采用连续式淋洗方式，并就前期振荡淋洗研究的结果基础上，使用草酸、苹果酸、酒石酸三种淋洗剂，选择单一淋洗、复合（混合、顺序）淋洗组合①、②、⑧进行淋洗，通过改变淋洗剂种类、浓度及复合淋洗组合，探究土柱淋洗的土壤中铀的淋出规律，并将其与振荡淋洗结果作对比，分析其异同点。具体土柱淋洗实验方案如表 2.6 所示。

表 2.6　土柱淋洗实验方案

淋洗方案	淋洗方式	淋洗剂	浓度/（mol/L）	淋洗体积/mL
方案 1	单一淋洗	草酸	0.25、0.5、1	2000
方案 2	单一淋洗	柠檬酸	0.5	2000
方案 3	单一淋洗	酒石酸	0.5	2000
方案 4	混合淋洗	草酸＋柠檬酸	0.5	2000
方案 5	顺序淋洗	柠檬酸＋草酸	0.5	1000＋1000
方案 6	顺序淋洗	酒石酸＋草酸	0.5	1000＋1000

（4）不同土柱深度土壤的淋洗效果实验

选用浓度 0.5 mol/L 草酸、柠檬酸和酒石酸单一淋洗 20 倍孔隙体积（2000 mL）完成后的土壤为研究对象，将土柱装置内上、中、下层土壤分别取出，冷冻干燥后分别测定其铀含量。

2.3.2 结果与分析

（1）不同淋洗方式（脉冲式、连续式）的淋洗效果

在不同淋洗方式（脉冲式、连续式）的淋洗条件下，0.5 mol/L 的草酸淋洗剂对铀污染土壤的淋洗效果如图 2.14 所示，由图 2.14 中可以看出，不同淋洗方式下，草酸对砂中铀的淋洗规律均为：在淋洗初期，淋洗液中铀的浓度随淋洗的孔隙体积数的增大而急剧增大，不久后便达到最大值，但当淋出液的孔隙体积数进一步增大时，铀浓度又呈现先急速减小后缓慢减小的趋势。

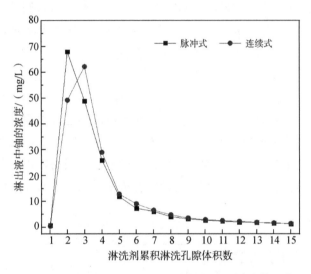

图 2.14　不同淋洗方式下淋出液中铀浓度与累积淋洗孔隙体积数之间的关系

由图 2.14 可知，当脉冲式淋洗时，当出液量孔隙体积数从 1 增加至 2 时，铀浓度急速增大并达到最大值 67.96 mg/L，当出液量由 2 增加至 5 时，淋出液铀浓度急剧减小，浓度由最大值降至 11.83 mg/L；当孔隙体积数从 5 增大至 15 时，淋出液中铀浓度不断降低，但减小幅度较小并最终逐渐趋向与零。

当采用连续式淋洗时，当孔隙体积数由 1 增大至 3 时，淋出液中铀浓度达到峰值，为 62.25 mg/L；当孔隙体积数从 3 增大到 5 时，淋出液中的铀浓度同样急剧减小；之后随孔隙体积数的增大而缓慢减小，最终同样是无限趋近于零。

图 2.15 为不同淋洗方式下铀去除率随累积淋洗孔隙体积数的变化，结合图 2.14、图 2.15 分析可知，在前 5 个淋洗孔隙体积中，两种淋洗方式的淋出液铀浓度变化趋势类似，但连续式淋洗的铀浓度峰值滞后一个孔隙体积数量，此时二者对土壤中铀的去除率分别为 52.4%、51.98%，此刻脉冲式淋洗的铀去除率较高于连续式。这也说明了该土壤中铀的释放能够在较短时间内到达最大，该土壤样品对于铀的吸附能力一般，使得铀能够从土壤颗粒中较快的解吸出来，产生这个现象的原因从土壤的"位形效应"来解

释是由于在土壤颗粒表面，不同的部位具有不同的吸附能力，处于颗粒表面较凹的点位吸附能力稳定，处在颗粒表面较凸的点位吸附能力不稳定，土壤中这两种情况并存，而铀的快速解吸也说明了该土样颗粒的凸点位吸附作用更多的大于凹点位吸附作用[11]。

采用连续式淋洗方式，则淋洗液是不间断的注入，导致淋洗液在土壤颗粒间快速地流动，与土壤中各种铀形态发生酸溶和螯合等作用，在淋洗初期（1~3 个淋洗孔隙体积时），连续式淋洗较脉冲式淋洗与土壤的接触时间相对较短，其中脉冲式淋洗延缓了淋洗液从土壤中流出的时间，使得淋洗液与土壤能够更加充分的接触并与土壤中的铀发生反应，固相与液相存在的巨大的铀的浓度差，在此条件下使得弱酸可提取态、可还原态等易迁移性较强形态的铀快速淋出。因此淋出液中铀的浓度在脉冲式淋洗条件下达到最大 67.96 mg/L，且较连续式淋洗的铀浓度的峰值提前一个淋洗孔隙体积。

由图 2.15 可知，淋洗后期（3~15 淋洗孔隙体积），脉冲式与连续式的各淋洗孔隙体积对铀的去除率变化趋势一致，淋洗效率逐渐降低且都呈现了不同程度的拖尾现象，并最终达到了铀的解吸平衡的状态，在 15 个孔隙体积淋洗完成后，去除率均达 64% 左右。为何脉冲式淋洗虽然增加了淋洗剂与土壤的接触时间，铀的去除率并没有显著提高，这是因为 15 个孔隙体积淋洗后，土壤中剩下铀的形态主要是残渣态等固化形态，淋洗时间不再是提高效率的决定性因素，随着土壤得到充分淋洗，两者淋洗方式下的土壤中铀的淋洗解吸逐渐趋于平衡稳定，即此时去除率都无限的接近。考虑两种淋洗方式淋洗效率接近，且脉冲式淋洗产生了更大的时间成本，因此在后续土柱淋洗实验中，均选择连续式淋洗方式进行。

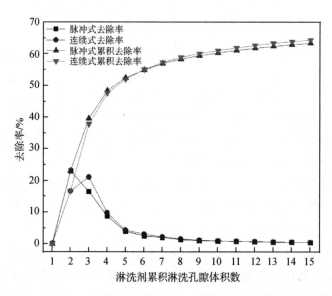

图 2.15　不同淋洗方式下铀去除率与累积淋洗孔隙体积数的关系

（2）不同浓度的淋洗效果

分别配制草酸浓度为 0.25、0.5、1 mol/L 的淋洗剂，并进行 20 倍孔隙体积的土柱淋洗，铀的累积去除率变化结果如图 2.16 所示。由图 2.16 中可知：在淋洗初期，土壤中的铀均被快速淋洗出来，累积去除率极速上升，但在淋洗 10 倍孔隙体积后，去除率均逐渐趋向稳定；0.25、0.5、1 mol/L 草酸完成淋洗后，土壤的铀去除率分别为 60.66%、66.37%、67.54%，呈现浓度越高，淋洗效率越高的规律，但 1 mol/L 相比 0.5 mol/L 的草酸对铀的去除率却没有明显提高，此结果与振荡淋洗的结果相同，0.5 mol/L 为淋洗的理想浓度。

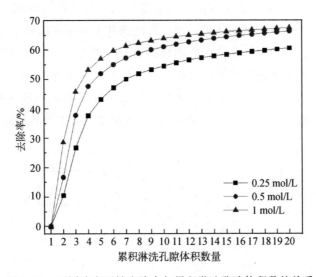

图 2.16　不同浓度下铀去除率与累积淋洗孔隙体积数的关系

对比振荡淋洗液固比实验发现土壤中砂的理想液固比为 5∶1，此时土柱淋洗土壤 300 g，而 15 倍孔隙体积即为 1500 mL 的淋洗液，换算得到此刻土柱淋洗的液固比同时也为 5∶1，这时浓度为 0.5 mol/L 的草酸淋洗后的去除率为 64.41%，振荡淋洗中同样液固比的去除率为 62.34%，且振荡淋洗时间为 8 h，土柱淋洗约为 5 h，因此在动态非平衡条件下的土柱淋洗，比起平衡条件的振荡淋洗更快的到达淋洗平衡状态，且对铀的去除效率高于振荡淋洗。

（3）不同淋洗剂组合的淋洗效果

基于前期振荡淋洗筛选的三种淋洗剂，并得到当理想淋洗剂浓度为 0.5 mol/L、液固比 10∶1。而选择合适的复合淋洗，可提升去除效果，较好复合淋洗组合为①、②、⑧，即分别为混合（草酸＋柠檬酸 8 h）、顺序淋洗（柠檬酸 4 h＋草酸 4 h）、顺序淋洗（酒石酸 4 h＋草酸 4 h）。因此本次土柱淋洗实验就前期振荡淋洗研究的结果基础上，进行多组土柱淋洗实验方案。

使用筛选出的草酸、苹果酸、酒石酸三种淋洗剂，浓度为 0.5 mol/L，分别淋洗土柱 20 个孔隙体积；并且选择复合淋洗组合①、②、⑧进行土柱淋洗，其中复合淋洗剂浓度均为 0.5 mol/L，混合淋洗组合①淋洗 20 个孔隙体积，即为淋洗方案 4。顺序淋洗组合②、⑧中两个淋洗剂分别淋洗 10 个孔隙体积，即淋洗方案 5、6。最后将淋洗结果同振荡淋洗结果进行差异性分析。

如图 2.17 所示，为三种单一淋洗剂通过土柱淋洗对铀的去除效果，由图中可知，草酸、柠檬酸和酒石酸对土壤中铀的解吸释放规律相似，均在前 5 个淋洗体积快速淋洗，后期淋洗速率逐渐降低，去除率缓慢上升，最终达到平衡状态。而前述 0.5 mol/L 液固比 5∶1 的草酸、柠檬酸和酒石酸振荡淋洗的铀去除效率分别为 62.34%、53.44%、49.54%，而相同浓度、同液固比条件土柱法淋洗的铀去除效率分别为 64.41%、58.36%、53.07%。土柱淋洗的淋洗效率均高于振荡淋洗，出现此现象的原因是，振荡淋洗过程是处于封闭体系之中，淋洗剂和土壤中铀的各个形态因振荡作用而充分接触，经过一段时间后，体系中的固相系统和液相系统的分配达到平衡，此时有机酸被土壤中和后体系中酸得到消耗，且固相与液相间铀的浓度差 ΔC 变小，不利于固相中铀向液相中转移，而在动态的非平衡条件下土柱淋洗可源源不断地提供新的淋洗剂，并持续维持固相与液相间较高的铀浓度差 ΔC，从而使土壤中铀被快速淋洗释放出来。

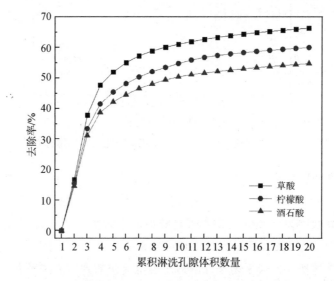

图 2.17　各淋洗剂的铀去除率与累积淋洗孔隙体积数的关系

图 2.18 为土柱淋洗实验中的方案 4、5、6 对土壤中铀淋洗效果，如图 2.18 可知，在前 10 个孔隙体积淋洗时，去除率均快速上升，且混合淋洗效果明显优于顺序淋洗；这是因为混合淋洗时，是两种淋洗剂混合同时作用于铀污染土壤，其酸性和还原性较单一淋洗剂都到了增强，二者协同作用，促使土壤中铀的迅速高效的释放。在后 10 个孔隙体积淋洗时，淋洗方案 4、5 由于换成草酸的开始淋洗，在第 12 个孔隙体积淋洗时，去除率继续快速上升，并逐渐趋于解吸平衡状态。由于柠檬酸和酒石酸酸性均大于乙酸，前 10 个孔隙体积淋洗中，已将土壤中大量的弱酸可提取态等弱结合态的铀淋洗出来，而草酸的酸性和还原性均优于柠檬酸和酒石酸，因此在草酸的加入时，打破了原来的解吸平衡状态，利用较强的酸性、还原性、螯合等特性，使得土壤中部分固化态的铀再次得以释放出来。

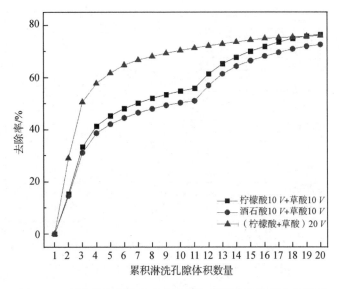

图 2.18 复合淋洗组合的铀去除率与累积孔隙体积数的关系

最终 20 个孔隙体积淋洗完成后，淋洗方案 4、5、6 对土壤中铀的去除率分别为 76.06%、76.57%、72.64%，其淋洗效率均优于单一淋洗，并对照振荡淋洗同条件下的去除率分别为 74.75%、77.03%、71.92%，除了淋洗方案 6 较振荡淋洗效率低 1% 左右，其他土柱淋洗去除率均优于振荡淋洗。因此为达相同淋洗效果时，优先选择动态非平衡条件下的土柱淋洗，不仅可缩短淋洗的时间，还节约了淋洗成本。

（4）不同土柱深度的淋洗效果

由 0.5 mol/L 的三种有机酸单一淋洗 20 倍孔隙体积后，其柱内的土壤铀含量随土柱深度变化如图 2.19 所示，其中草酸对土壤中铀的去除效果最好，酒石酸较差，土壤中铀残留最低的为草酸淋洗柱中上层（10 cm）土壤，铀含量为 26.37 mg/kg，残留最高的为酒石酸淋洗柱中下层（30 cm）土壤，铀含量为 47.33 mg/kg。并且每个淋洗柱内土壤中铀的含量均呈现随深度增加而升高的规律。这是可能是由于重力的作用和淋洗液的冲刷作用，使得经淋洗剂淋洗后活化态的铀在垂直方向上的扩散变得更容易，并随淋洗剂逐渐向下层土壤移动[12]。

对照本次研究确定的 40 mg/kg 为铀污染土壤的修复目标，除草酸作为淋洗剂外，可以使得淋洗后的各层土壤达到修复的目标，柠檬酸和酒石酸在土柱中不同深度上土壤铀含量均有超标。污染土壤砂部分的铀含量为 92.8 mg/kg，当铀的淋洗效率超过 60% 时，土壤即可达到修复目标。但因为铀的去除率的公式是以淋出液中铀的总量作为去除总量，这样会造成结果偏差，铀在土柱各层的含量分布不均，所以导致了虽然去除率计算结果表明土壤已经达标，同时还出现了淋洗土柱中下层土壤铀含量的超标现象。因此在后续土柱淋洗修复中，应密切关注土柱底层土壤铀污染超标情况。

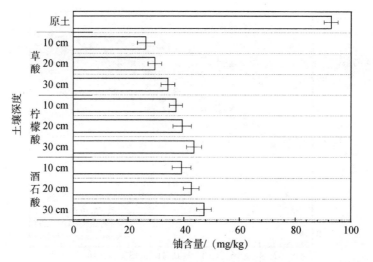

图 2.19　土壤淋洗前后铀含量与土柱深度关系

2.3.3　小结

振荡淋洗和土柱淋洗存在较大的区别，振荡淋洗为静态平衡条件下淋洗土壤量较少的淋洗实验，土柱淋洗为动态非平衡条件下淋洗土壤量较大的淋洗实验，并根据前期振荡淋洗得到的较优淋洗参数，本章开展一系列土柱淋洗实验，并得出如下结论：

（1）选用草酸为淋洗剂对铀污染土壤的脉冲式、连续式淋洗实验，其结果表明，在两种淋洗方法下，淋出液中铀的浓度均随累积孔隙体积数的增大而经历先急剧增大后急剧减小，再缓慢减小到逐渐平衡，脉冲式淋洗峰值较连续式淋洗提前一个孔隙体积数，但最终二者淋洗效率相接近，因连续式耗时较短，则连续式淋洗优于脉冲式淋洗。

（2）通过改变土柱淋洗实验中淋洗剂的浓度，并选择振荡淋洗中较优的复合淋洗组合进行土柱淋洗发现，同样淋洗条件下，土柱淋洗的淋洗效率均略高于振荡淋洗，因土柱淋洗高效的去除效果，可将淋洗时间缩短近一倍，因此实际淋洗修复工作中，而可优先考虑动态非平衡条件下的土柱淋洗。

（3）土柱淋洗完成后，均出现土柱底层土壤铀含量较高的情况，并呈现随深度越深而铀含量越高的趋势。可能是由于重力的作用和淋洗液的冲刷作用，使得铀在垂直方向上的扩散变得更容易，并随淋洗剂逐渐向下层土壤移动，土柱淋洗修复完成后，土柱底部土壤中铀含量更应该关注，分析是否达标。

2.4　本章小结

本研究通过分析测定污染土壤中铀的赋存形态，筛选适宜的化学淋洗试剂，分析土壤铀化学淋洗分离的主要影响因素，对比振荡和土柱法两种淋洗工艺流程的去除效率，优化化学淋洗工艺参数，得到较优的淋洗方案，并验证了该淋洗方案对多类污染土壤的适用性，且对污染土壤淋洗前后铀的流动性、稳定性及生物可利用性进行相关评价。通过以上实验分析，主要得到以下结论：

(1) 污染土壤中含铀量大小分布与土壤粒径成反比，即土壤粒径越大，其含铀量越低。且除砾石部分外，其余铀含量均超出铀的目标修复值（40 mg/kg），在淋洗修复前砾石部分可简单处理后可进行回填，使得污染土壤减量化处理。各粒级土壤中铀含量归一化份额按大小排序分别为砂（57.43%）、砂土（16.63）、砾石（13.19%）、黏土（12.76%），污染土壤中砂、细颗粒部分是本次淋洗修复重点。

(2) 在相同淋洗条件下，各淋洗剂对污染土壤中铀的淋洗效果由大至小依次为草酸＞柠檬酸＞酒石酸＞苹果酸＞乙酸＞鼠李糖脂＞柠檬酸三钠＞碳酸钠＞皂角苷＞去离子水，并考虑环保、经济等因素，确定选用草酸、柠檬酸和酒石酸作为较理想淋洗剂。

(3) 通过单因素控制实验发现，在一定范围内，适当的延长淋洗时间、提高淋洗剂浓度、增加液固比、提升淋洗温度并选择合适的复合淋洗，均可以提高污染土壤中铀的去除效果。土壤的砂与细颗粒部分较为适宜的淋洗时间为 8 h，淋洗剂浓度 0.5 mol/L，砂与细颗粒的适合液固比（mL∶g）分别为 5∶1、10∶1。在淋洗剂浓度为 0.5 mol/L，液固比为 10∶1，温度 25 ℃，采用复合顺序（柠檬酸 4 h＋草酸 4 h）淋洗方式，此淋洗条件下土壤中铀的去除效率最高，土壤的砂与细颗粒部分中铀的去除率分别为 77.03%、91.12%。

(4) 选用土壤中渗透性较好的砂进行土柱淋洗实验，利用 0.5 mol/L 的草酸对污染土壤进行脉冲式、连续式淋洗，发现二者淋洗效率接近，且连续式淋洗耗时较短，优先选用连续式进行淋洗。在相同淋洗条件下，土柱淋洗的淋洗效率均略高于振荡淋洗，且土柱淋洗修复时间缩短近一倍，但土柱淋洗会出现土柱底层土壤铀含量较高的现象，可尝试通入适当浓度氧化剂（过氧化氢等）加以漂洗，将残留在土柱底部的可氧化态淋洗出来，并且将底部不稳定的弱酸可提取态的铀给清洗出来。

(5) 为验证淋洗方案的适用性，对参比土样 A、B、C 和 D 进行较优淋洗方案淋洗，即污染土壤中砂采用土柱淋洗方式，利用浓度均为 0.5 mol/L 的柠檬酸、草酸顺序，分别淋洗 1000 mL；细颗粒土壤采用振荡淋洗方式，浓度均为 0.5 mol 的柠檬酸、草酸，液固比（mL∶g）10∶1，在 25 ℃下分别淋洗 4 h。铀的去除率在 40.6%～91.12%之间，除土样 B 外土样中铀均达标到修复目标。洗前各土样铀的流动性指数（MF）在 13.82%～28.65%之间，而淋洗后各土样铀的 MF 在 3.05%～9.17%；淋洗前土样中铀的稳定性指数（IR）在 0.41～0.7 之间，淋洗后 IR 在 0.77～0.91 之间。淋洗后各土样中的残渣态的占比提高，流动性显著降低，稳定性得到增强。

参考文献：

[1] 范镇荻. 磷酸盐作用下土壤对放射性核素 U 和 Th 的吸附与迁移转化的研究 [D]. 东华理工大学，2018.

[2] 南京土壤科学院. 土壤理化分析 [J]. 上海：上海科学技术，1978.

[3] 鲁如坤. 土壤农业化学分析方法 [M]. 北京：中国农业科技出版社，2000.

[4] 吴俭. 酒石酸等 5 种有机酸对镉锌、镉镍污染土壤清洗效果与影响因素研究 [D]. 华南理工大学，2015.

[5] Gleyzes C，Tellier S，Astruc M. Fractionation studies of trace elements in contaminated soils and sediments：a review of sequential extraction procedures [J]. Trends in Analytical Chemistry，2002，21 (6-7)：451-467.

[6] 黎诗宏，蒋卉，朱梦婷，等. 有机酸对成都平原镉污染土壤的淋洗效果 [J]. 环境工程学报，2017，11 (5)：3227-3232.

[7] LI Yushuang，HU Xiaojun，SONG Xueying，et al. Remediation of cadmium-contaminated soil by extraction with pora-sulpho-nato-thiacalix (4) arene，a novel supramolecular recepto [J]. Environmental Pollution，2012，167：93-100.

[8] UDOVIC M，LESTAN D. EDTA and HCl leaching of calcareous and acidic soils polluted with potentially toxicmetals：remediation efficiency and soil impact [J]. Chemosphere，2012，88 (6)：718-724.

[9] 李玉姣，温雅，郭倩楠，等. 有机酸和 $FeCl_3$ 复合浸提修复 Cd、Pb 污染农田土壤的研究 [J]. 农业环境科学学报，000 (12)：2335-2342.

[10] Xiong X，Stagnitti F，Turoczy N. Competitive sorption of metals in water repellent soils：Implications for irrigation recycled water [J]. Australian Journal of Soil Research，2005，43：351-356.

[11] 李丹丹，郝秀珍，周东美. 柠檬酸土柱淋洗法去除污染土壤中 Cr 的研究 [J]. 农业环境科学学报，2013，32 (10)：1999-2004.

[12] Liu Y，Bello O，Rahman M M，et al. Investigating the relationship between lead speciation and bioaccessibility of mining impacted soils and dusts [J]. Environmental Science and Pollution Research，2017，24 (Part A)：1-12.

第3章

铀污染土壤超声强化化学修复研究

本研究以某铀尾矿库周边铀污染土壤为对象，采用野外取样－室内实验（清洗剂的筛选、超声强化清洗工艺参数）、模拟计算（不同清洗动力学对比、超声强化清洗铀浸出模型的推演）、微观分子形态表征（SEM-EDS、XRD、FTIR），铀污染土壤修复前后风险评价（RSP、RAC、有效性提取试验、毒性特征浸出试验、生物可及性提取试验、地质累积法、潜在生态风险评价）等一系列理论分析等手段和方法，开展超声强化清洗铀污染土壤机理和评价的研究，为铀污染土壤场地修复提供参考。

（1）超声强化清洗修复工艺条件与主控因素研究

研究超声强化下清洗对铀污染土壤中铀去除率的特征。设定的影响因素包括声强化清洗浓度、清洗时间、清洗固液比等对超声强化清洗铀污染土壤的清洗效果，优化超声清洗的主要参数，获得最佳铀污染土壤超声强化清洗修复工艺条件。进一步统计分析出浸出动力学方程，明确影响清洗性能的关键因素，并预测清洗性能与各个影响因素的变化趋势。

（2）超声强化清洗技术中铀的微观特征和去除机理

分析超声清洗前后土壤中铀的形态变化，借助扫描电子显微镜与能谱分析（SEM-EDS）、X射线衍射（XRD）、傅里叶红外光谱（FTIR）等分析土壤微观分子形态，探讨铀在清洗过程中的吸附、运移和分配机制，揭示超声强化清洗技术中铀的去除机理。

（3）超声强化清洗的效果综合评估

采用连续化学提取形态和毒性浸出相关模型，综合评估清洗剂的修复效果和生物有效性等指标，确定最优的清洗方案，对现场踏勘采集的土壤样品进行全面清洗，通过地质累积法和潜在生态风险评价法，评价处理前后的土壤样品，验证清洗方案的可行性。

3.1 超声强化清洗铀污染土壤工艺研究

辅助施加超声波频振是提高土壤频散能力，使得污染土壤颗粒与清洗剂之间产生有效的接触，能提高土壤清洗性能。传统机械振动是一种典型的分散土壤颗粒的方法，在宏观尺度上会引起剧烈的混合和湍流，并根据混合强度的不同导致更多的物理接触，以此达到相对静态平衡清洗，且不需要外力，因此，既能达到传统振荡清洗的性能，又能节省时间经济成本的超声强化清洗成为一种具有吸引力的替代方法[1]。超声波能够通过积极地搅动溶液来破坏粒子，通过对液体或泥浆施加高强度和高频的声波，可以实现亲密的混合和强大的物理和化学反应，颗粒破坏暴露了新鲜的表面，从而使清洗剂能够穿透颗粒[2-3]。最广泛接受的超声辅助清洗机制是基于固体表面附近的液体，由于超声破碎产生的空化气泡内爆，这个过程可以产生强烈的局部高温和高压，导致了高速粒子间的碰撞，加速了粒子的振动和官能团弯曲[4]。Y. Son[5]等人研究报道了超声波和机械混合修复柴油污染土壤的土壤清洗工艺，其在去除效率、运行时间、能耗、清洗液消耗/处理等方面均优于传统的机械土壤清洗工艺；Wang[6]等人研究报道了反应时间只需15～60 min就可对重金属污染的土壤完成任务清洗。

超声强化清洗技术由于可以有效提高污染土壤中重金属的去除率而被广泛应用，而对放射性核素铀污染的研究较少，针对草酸、氯化铁和草酸＋氯化铁复配试剂的超声强化清洗目前还有没有报道。因此，本文研究了超声强化清洗对土壤清洗去除铀过程，通过室内试验设计，优化三种清洗试剂工艺参数，得出最佳工艺条件，以超声强化草酸清洗、超声强化氯化铁清洗和超声强化草酸＋氯化铁复配试剂的浓度、固液比和温度等条件清洗，借助金属浸出模型，演算出三种试剂各自的金属浸出模型。

3.1.1　材料与方法

本研究拟用某铀尾矿库污染的浅层尾矿砂土壤评估草酸、氯化铁和草酸＋氯化铁复配清洗铀的性能差异。

根据试验设计，考察了清洗剂浓度、固液比（S/L）、和反应温度对放射性核素铀污染土壤清洗性能的影响。考察单一变量的同时，其他两个变量固定为最优参数，清洗剂浓度分别为：草酸（0.05 mol/L、0.1 mol/L、0.2 mol/L）和氯化铁浓度（5 g/L、10 g/L、20 g/L），固液比（S/L）分别为：1∶2.5 g/mL、1∶5 g/mL、1∶10 g/mL、1∶20 g/mL，反应温度分别为：25 ℃、45 ℃、65 ℃、85 ℃。试验过程为：按照不同单一对照试验配置固液混合物，置于 250 mL 烧杯中，采用超声波清洗仪（型号：sw-410HTD）温度达到设定值之内后，由于超声起到加温的作用，需开启冷凝水循环，将烧杯置于超声波清洗仪中，使用双叶斜桨式搅拌器进行搅拌，两叶使用聚乙烯材料，避免其他元素参与搅拌反应，并在不同停留时间进行一定的搅拌，将不同停留时间的反应悬浮液抽出，经过滤酸化处理，待测。试验结束时，对悬浮液进行过滤，用去离子水反复冲洗反应容器，试验装置图如图 3.1 所示。所有的处理水样均通过 ICP-OES 进行分析，放射性核素的清洗效率计算如下：

$$x_n = \frac{C_n \cdot V}{m \cdot w_n} \times 100\% \tag{3.1}$$

式中：C_n 为清洗液中放射性核素浓度（g/mL）；V 为溶液体积（mL）；m 为试验过程中土壤样品的质量（g）；而 w_n 是放射性核素的质量百分比（%）。

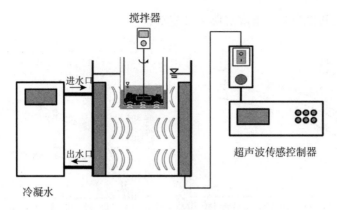

图 3.1 超声强化清洗试验装置示意图

3.1.2 结果与讨论

（1）超声强化清洗最优工艺参数

超声强化清洗下不同草酸浓度对铀清洗性能的影响如图 3.2（a）所示，最大清洗率见表 3.1。放射性核素铀的洗出效率随酸浓度的增加而提高浓度由 0.05 mol/L 增加到 0.2 mol/L。总体来说，随着浓度的增加，溶质的浓度也随之增加，从而得以改善清洗率，放射性核素铀及其在土壤中的复合物在酸性环境中符合质子攻击和电离溶解机制。较之 0.05 mol/L 到 0.1 mol/L 增加的清洗率为 6.41%，0.1 mol/L 到 0.2 mol/L 清洗率的上升空间为 5.92%，上升空间基本持平，而根据课题组以往研究结果表明，在 0.5~1 mol/L 草酸条件下，溶液 pH 过低，易破坏土壤的原本的质地结构，且成产成本增加与增长的清洗率幅度不成正比，故不考虑过高浓度条件下超声强化清洗。因此，这种条件下，溶液中的优势物质是草酸分子造成的弱电解质性质，草酸最佳浓度可选择在 0.2 mol/L。

超声强化清洗下不同草酸固液比对铀清洗性能的影响如图 3.2（b）所示，最大清洗率见表 3.1。固液比由 1∶2.5 g/mL 升至大大提高了浸出效率，提升幅度达到 34.25%，固液比 1∶10 g/mL 时，达到最大清洗率 60.38%。1∶20 g/mL 时虽高出 1∶2.5 g/mL 和 1∶5 g/mL 时，却低于 1∶10 g/mL 时约 10% 左右。在低 S/L 比率时，提取液中的草酸溶质难以充分与金属氧化物及复合物反应，超出一定范围，草酸溶质会在一定程度上起到抑制作用，为达到最好清洗性能故以 1∶10 g/mL 固液比为最佳。

超声强化清洗下不同草酸溶液温度对铀清洗性能的影响如图 3.2（c）所示，最大清洗率见表 3.1。放射性核素铀在不同温度下的随时间变化如图 3.2 所示，随着温度的升高，放射性核素铀的清洗效率明显提高增加，表 3.1 试验环境温度条件为 25 ℃、45 ℃、65 ℃、85 ℃ 时，清洗效率依次为 60.38%、67.03%、71.84%、73.32%，较之室温（25 ℃）情况下，85 ℃上升幅度为 12.94%，可见温度是提高清洗率最直接有效的方法。这种现象可能是由于超声强化清洗过程中都是吸热反应，提高反应温度可以加速金属元素及其化合物在草酸溶质中的溶解。

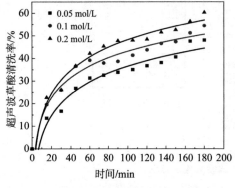

（a）草酸浓度对超声波强化性能的影响

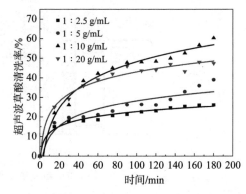

（b）固液比对超声波强化性能的影响

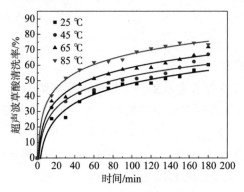

（c）温度对超声波强化性能的影响

图 3.2 超声强化草酸清洗工艺参数优化

表 3.1 超声强化草酸清洗最大性能

试验固定参数	试验变更参数	铀最大清洗性能/%
土壤样品过 10 目标准筛，超声功率 90 kW，25 ℃，固液比 1∶10 g/mL	0.05 mol/L	48.05
	0.1 mol/L	54.46
	0.2 mol/L	60.38
土壤样品过 10 目标准筛，超声功率 90 kW，25 ℃，草酸浓度 0.2 mol/L	1∶2.5 g/mL	26.13
	1∶5 g/mL	39.02
	1∶10 g/mL	60.38
	1∶20 g/mL	47.38
土壤样品过 10 目标准筛，超声功率 90 kW，固液比 1∶10 g/mL，草酸浓度 0.2 mol/L	25 ℃	60.38
	45 ℃	67.03
	65 ℃	71.84
	85 ℃	73.32

超声强化清洗下不同氯化铁浓度对铀清洗性能的影响如图 3.3（a）所示，最大清洗率见表 3.2。铀的清洗率随着浓度的增大，具有明显升高的趋势，浓度越大，其清洗速率上升幅度越大，150 min 时，清洗率开始第二波缓慢上升，180 min 后依旧有上升空间，上升空间逐步较低，可见超声强化氯化铁清洗的主要作用有可能发生在 150 min 后。前 120 min 属于外部扩散控制区域，150 min 后完全排除外部扩散控制，转而优先发生氧化或还原反应等化学反应，期间对铀清洗率的提升为 10％左右。当氯化铁浓度为10 g/L 和 20 g/L 时，对铀最大清洗率分别为 22.08％、33.14％，考虑到上升空间和成本，故其最优浓度参数考虑选取 10 g/L。

超声强化清洗下不同氯化铁固液比对铀清洗性能的影响如图 3.3（b）所示，最大清洗率见表 3.2。其中 1：2.5 g/mL 条件下的清洗率为 20.17％，1：5 g/mL 和 1：10 g/mL条件下的清洗率均接近 30％，但 1：10 g/mL 条件下清洗速率高于 1：5 g/mL，而 1：20 g/mL 最大清洗率可达 32.65％，最大清洗率仅高于 1：10 g/mL 时的 28.08％，故作为最佳固液比参数。根据超声强化清洗下不同氯化铁温度溶液对铀清洗性能的影响如图 3.3（c）所示，最大清洗率见表 3.2。当温度从 25 ℃增加到 85 ℃时，铀的清洗率从 28.08％增加到 73.87％，上升明显，上升空间逐步增大，未发现明显的缓慢上升区域，这一结果表明温度属于必要影响因素。

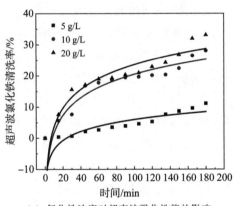

（a）氯化铁浓度对超声波强化性能的影响

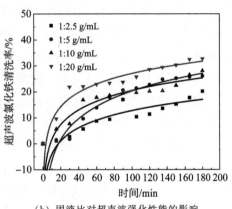

（b）固液比对超声波强化性能的影响

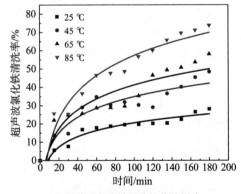

（c）温度对超声波强化性能的影响

图 3.3　超声强化氯化铁清洗工艺参数优化

表 3.2 超声强化氯化铁清洗最大性能

试验固定参数	试验变更参数	铀最大清洗性能/%
土壤样品过 10 目标准筛，超声功率 90 kW，25 ℃，固液比 1∶10 g/mL	5 g/L	11.14
	10 g/L	28.08
	20 g/L	33.14
土壤样品过 10 目标准筛，超声功率 90kW，25 ℃，氯化铁浓度 10 g/L	1∶2.5 g/mL	20.17
	1∶5 g/mL	26.07
	1∶10 g/mL	28.08
	1∶20 g/mL	32.65
土壤样品过 10 目标准筛，超声功率 90 kW，固液比 1∶10 g/mL，氯化铁浓度 10 g/L	25 ℃	28.08
	45 ℃	48.45
	65 ℃	58.11
	85 ℃	73.87

超声强化清洗下不同草酸＋氯化铁复配浓度对铀清洗性能的影响如图 3.4（a）所示，最大清洗率见表 3.3。以最佳浓度的草酸和氯化铁分别按照摩尔比 1∶2、1∶1、2∶1 进行试验，表明摩尔比接近 1 时，超声强化清洗草酸＋氯化铁复配试剂可达到最高清洗率 58.85％，由整体趋势和增加幅度可知，该条件下的清洗率有望进一步提高，此时时间成了限值因素，可见单一高浓度草酸和氯化铁具有一定的拮抗作用，复配在降低实际损耗的同时能够有效地提高清洗性能。

超声强化清洗下不同草酸＋氯化铁复配固液比对铀清洗性能的影响如图 3.4（b）所示，最大清洗率见表 3.3。较为明显的发现 1∶20 g/mL 时，其清洗率达到最大，且分别高于固液比为 1∶2.5 g/mL、1∶5 g/mL、1∶10 g/mL 时接近 10％～40％，较超声强化草酸清洗和超声强化氯化铁清洗的固液比条件，未发现如此大的跨度，进一步说明草酸和氯化铁在摩尔比为 1∶1 时，增大其固液比，使其两者充分融合，使得其清洗性能明显增大，最佳性能的固液比为 1∶20 g/mL。根据超声强化清洗下不同草酸＋氯化铁复配溶液温度对铀清洗性能的影响如图 3.4（c）所示，最大清洗率见表 3.3。与超声强化草酸清洗和超声强化氯化铁清洗的温度条件表现相一致的是其随温度的增大，清洗率等幅度增大，在 85 ℃时达到最大清洗率 87.74％。

综合来看，当氯化铁浓度由 5 g/L 增加到 20 g/L 时，最大清洗率上升12.00％；当固液比由 1∶2.5 g/mL 增加到 1∶20 g/mL 时，最大清洗率上升 12.48％；当温度由 25 ℃增加到 85 ℃时，最大清洗率上升 45.79％，同比草酸的各项参数变更，其增幅均高于草酸。由此可见，氯化铁在常规试验条件下，其清洗率低于草酸，通过改变各类试验参数，有望提高到同等水平，在氯化铁浓度为 20 g/L、固液比 1∶20 g/mL 和温度 85 ℃的试验条件下最高可达 73.87％，高于草酸浓度 0.2 mol/L、固液比 1∶10 g/mL

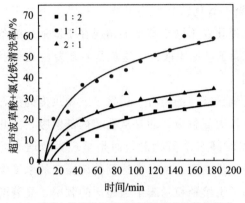

（a）草酸＋氯化铁浓度对超声波强化性能的影响

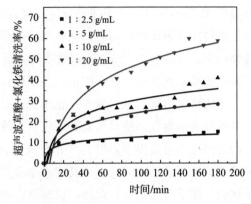

（b）固液比对超声波强化性能的影响

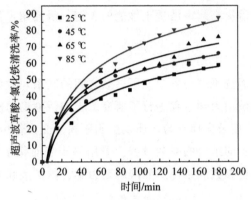

（c）温度对超声波强化性能的影响

图 3.4　超声强化草酸＋氯化铁清洗工艺参数优化

表 3.3　超声强化草酸＋氯化铁清洗最大性能

试验固定参数	试验变更参数	铀最大清洗性能/%
土壤样品过 10 目标准筛，超声功率 90 kW，25 ℃，固液比 1：10 g/mL	1：2（0.1 mol/L＋20 g/L）	27.76
	1：1（0.1 mol/L＋10 g/L）	58.85
	2：1（0.2 mol/L＋10 g/L）	34.69
土壤样品过 10 目标准筛，超声功率 90 kW，25 ℃，浓度 10 g/L	1：2.5 g/mL	15.21
	1：5 g/mL	28.37
	1：10 g/mL	40.99
	1：20 g/mL	58.85
土壤样品过 10 目标准筛，超声功率 90 kW，固液比 1：10 g/mL，浓度 10 g/L	25 ℃	58.85
	45 ℃	66.14
	65 ℃	76.09
	85 ℃	87.74

和温度 85 ℃试验条件下的 60.38%。故在草酸＋氯化铁复配溶液中，发挥作用的不仅仅是草酸或者氯化铁，而是共同作用的结果。氯化铁不同于草酸的情况在于固液比的条件参数下，草酸在 1∶20 g/mL 的条件下反而低于其他固液比，这也是对于复配比例及其发生的是拮抗作用、联合作用或是其他作用。

相比传统振荡清洗，超声强化清洗通过与机械搅拌的结合，诱发了宏观尺度的混合和微观尺度的混合，使得污染物不仅从土壤颗粒表面解吸，而且从孔隙内部解吸，因此铀的去除速率要高得多，而且 3 h 并未达到相对静态平衡状态，而是呈现对数增长趋势，可见只要满足时间要求，其清洗率有望进一步提高，本章在达到传统振荡的水平停止试验，便于与其对比。此外，机械混合增加了土壤颗粒暴露于强超声的频率，显著增强了污染物的超声解吸作用和化学键的弯曲振动。因此，这些结果揭示了机械混合是必要的，以机械搅拌是显著提高超声波洗土性能的关键，研究超声强化清洗作用机制有必要与传统振荡清洗对比。

（2）超声波强化清洗浸出动力学

为了探讨超声强化清洗机理与各个变更参数之间的联系，对草酸、氯化铁和草酸＋氯化铁三种清洗剂的清洗动力学过程进行了研究。土壤污染物的浸出包括颗粒扩散（与溶质反应之前被溶解）、离子交换（与溶质发生阴阳离子交换作用）、化学反应（与溶质发生氧化、还原等）等不同组合的复杂过程。采用基于表面化学的经典金属浸出模型，研究了铀在不同试验变更参数的条件下的溶解动力学、内扩散和外部扩散控制等。

溶解动力学：
$$x = k_1 t \tag{3.2}$$

内扩散模型：
$$1 - (1-x)^{\frac{1}{3}} = k_2 t \tag{3.3}$$

外扩散模型：
$$1 - 3(1-x)^{\frac{2}{3}} + 2(1-x) = k_3 t \tag{3.4}$$

式中：x 为清洗效率；k_1、k_2、k_3 为表观速率常数，min^{-1}；t 为清洗时间，min。

Avrami 方程可以用来描述多金属或金属氧化物的浸出模型，也可以描述结晶、结晶转变、分解、吸附、水合和脱溶等反应。Avrami 模型方程由式（3.5）描述如下：
$$-\ln(1-x) = k\, t^n \tag{3.5}$$

式中：x 为清洗效率；k 为表观速率常数，min^{-1}；t 为清洗时间，min；n 是反映清洗性质的参数。当 n 小于 0.5 时，该机制可定义为扩散控制，为了得到 n 的值，将式（3.5）的自然对数改写为式（3.6）。
$$\ln[-\ln(1-x)] - n\ln t + \ln k \tag{3.6}$$

根据上述四种动力学模型，通过拟合不同反应温度条件下超声强化清洗对铀的清洗数据绘图拟合结果如图 3.5 所示，四种动力学模型的 R_2 如表 3.4 所示。其中拟合相关性系数体现出优越性，整体对比发现 Avrami 模型＞外扩散模型＞内扩散模型＞溶解动力学，Avrami 模型方程 $R_2 = 0.895 - 0.992$，$\ln[-\ln(1-x)]$ 与 $\ln t$ 在不同温度下的曲线如图 3.5 所示。草酸、氯化铁、草酸＋氯化铁复配试剂清洗铀的 n 值分别为 0.38 ± 0.03，0.60 ± 0.08，0.62 ± 0.03，表明采用 Avrami 模型看出草酸属于扩散控制为主，氯化铁和草酸＋氯化铁复配试剂非完全属于扩散控制。

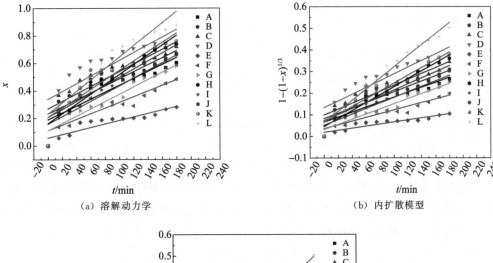

（a）溶解动力学　　　　　　　　　　　　　（b）内扩散模型

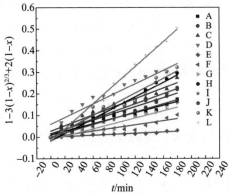

（c）外扩散模型

图 3.5　超声强化清洗动力学方程选择

注：A：草酸 25 ℃；B：草酸 45 ℃；C：草酸 65 ℃；D：草酸 85 ℃；E：氯化铁 25 ℃；F：氯化铁 45 ℃；G：氯化铁 65 ℃；H：氯化铁 85 ℃；I：草酸＋氯化铁 25 ℃；J：草酸＋氯化铁 45 ℃；K：草酸＋氯化铁 65 ℃；L：草酸＋氯化铁 85 ℃。

表 3.4　四种动力学模型的 R^2

清洗试剂	温度/℃	COD（R^2）			
		x	$1-(1-x)^{1/3}$	$1-3(1-x)^{2/3}+2(1-x)$	$\ln(-\ln(1-x))$
草酸	25	0.790	0.858	0.959	0.975
	45	0.754	0.845	0.948	0.969
	65	0.711	0.822	0.951	0.978
	85	0.620	0.754	0.908	0.991
氯化铁	25	0.834	0.849	0.896	0.946
	45	0.792	0.816	0.817	0.912
	65	0.903	0.924	0.897	0.895
	85	0.909	0.966	0.976	0.971

续表

清洗试剂	温度/℃	COD (R^2)			
		x	$1-(1-x)^{1/3}$	$1-3(1-x)^{2/3}+2(1-x)$	$\ln(-\ln(1-x))$
草酸+氯化铁	25	0.860	0.913	0.967	0.985
	45	0.787	0.860	0.954	0.987
	65	0.840	0.916	0.946	0.974
	85	0.869	0.970	0.993	0.992

根据图 3.6（Avrami 模型方程拟合）截距（$\ln k$）计算放射性核素铀的表观速率常数 k，结果见表 3.5。k 值大小表明超声强化清洗的速率，整体大小排序为超声强化草酸清洗＞超声强化草酸＋氯化铁复配清洗＞超声强化氯化铁清洗，其中超声强化氯化铁清洗速率最低，超声强化草酸清洗在 25 ℃、45 ℃、65 ℃和 85 ℃时，高出超声强化草酸＋氯化铁复配清洗 1.68 倍、2.08 倍、2.65 倍和 2.44 倍，可见温度升高一定程度增高了草酸的清洗速率，当温度超过 85 ℃时，草酸的优越性能降低。为进一步描述超声强化清洗过程，通过消除超声清洗过程中的外部扩散，表观速率常数 k 可描述为式（3.7）。

$$\ln k = \ln A + a\ln[\text{溶剂}] + b\ln\left(\frac{S}{L}\right) - \frac{E_a}{RT} \tag{3.7}$$

式中：A 为指前因子的值；a 为酸浓度的反应顺序；b 为 S/L 的反应级数；E_a 为表观活化能，J/mol；R 是气体常数 J * mol^{-1} * K^{-1}；T 为热力学温度，K（开尔文）。利用不同温度动力学数据得到的表观速率常数值（$\ln k$），绘制 Arrhenius 图（阿列纽斯），估算放射性核素铀超声强化清洗的 E_a 值，结果见表 3.5。

表 3.5 速率常数（k）和活化能（E_a）

参数	变更条件			
	温度/℃	草酸	氯化铁	草酸+氯化铁
k	25	0.074	0.011	0.044
	45	0.125	0.032	0.060
	65	0.146	0.045	0.055
	85	0.189	0.037	0.041
E_a/（kJ/mol）		13.063	16.017	8.617

根据图 3.7 显示 $\ln k$ vs $1000/T$ 的关系，其表现出较好的相关性。通过公式（3.7）可计算车活化能 E_a 的值。在 338.15～358.15 K 的温度范围内，超声强化草酸清洗、超声强化氯化铁清洗、超声强化草酸＋氯化铁复配清洗的 E_a 分别为 13.063 kJ/mol、16.017 kJ/mol 和 8.617 kJ/mol。三种清洗剂的 E_a 值均低于 20 kJ/mol，表明三类试剂

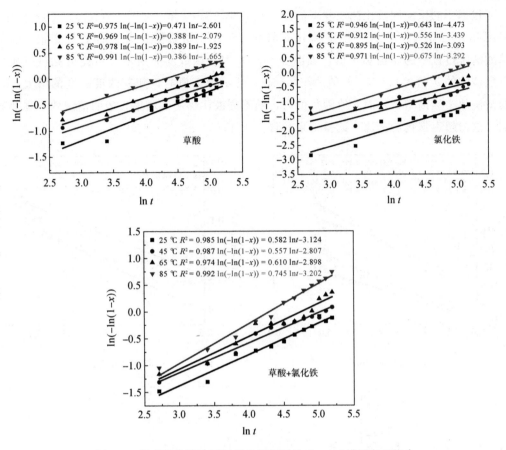

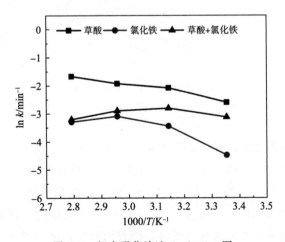

图 3.6　超声强化清洗不同反应温度下的 Avrami 模型方程拟合

的超声清洗反应均受到扩散控制的影响，只是影响程度不一。根据活化能越低，其稳定性越高，反应速率越剧烈的基本原理可知，其中超声强化草酸＋氯化铁复配试剂稳定性能和化学反应程度均高于另外两种试剂。

图 3.7　超声强化清洗 Arrhenius 图

根据不同反应固液比和浓度下的浸出动力学方程拟合，如图 3.8（a）、（b）所示。采用 $\ln k$ 与 $\ln(H_2C_2O_4)$ 曲线和 $\ln k$ 与 $\ln(S/L)$，可根据公式（3.7）确定超声强化草酸清洗过程中的 a 值和 b 值，如图 3.8（c）拟合函数斜率所示。由此可见超声强化草酸清洗的 a 值为 0.955，b 值为 -0.055，当 a 为正值时，随着浓度梯度的增大，表明清洗效率逐渐增大，而 b 值为负值时，随着固液比梯度的增大，表明清洗效率逐渐减低，这与超声强化清洗这一试验结果一致。

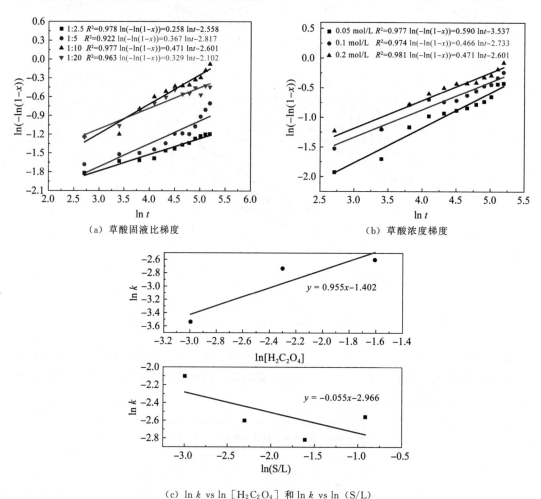

（a）草酸固液比梯度　　　　　　　　（b）草酸浓度梯度

（c）$\ln k$ vs $\ln[H_2C_2O_4]$ 和 $\ln k$ vs $\ln(S/L)$

图 3.8　草酸超声强化清洗 Avrami 模型方程拟合及 $\ln[H_2C_2O_4]$、$\ln(S/L)$ 线性关系

根据不同反应固液比和浓度下的浸出动力学方程拟合，如图 3.9（a）、（b）所示。采用 $\ln k$ 与 $\ln(H_2C_2O_4)$ 曲线和 $\ln k$ 与 $\ln(S/L)$，可根据式（3.7）确定超声强化氯化铁清洗过程中的 a 值和 b 值，如图 3.9（c）拟合函数斜率所示。由此可见超声强化氯化铁清洗的 a 值为 2.237，b 值为 -1.556，当 a 为正值时，随着浓度梯度的增大，表明清洗效率逐渐增大，而 b 值为负值时，随着固液比梯度的增大，表明清洗效率逐渐减低，这与超声强化清洗这一试验结果一致。

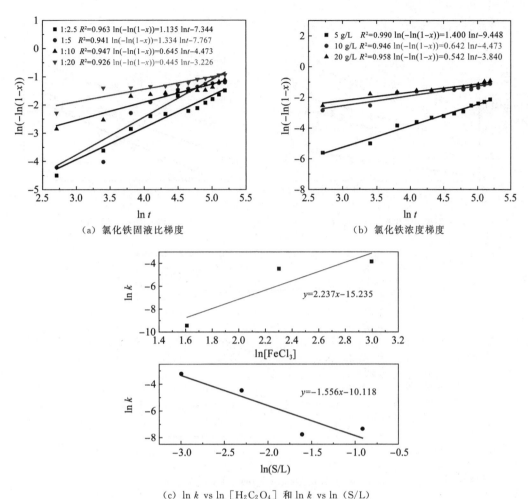

（a）氯化铁固液比梯度　　　　　　　　（b）氯化铁浓度梯度

（c）$\ln k$ vs $\ln$［$H_2C_2O_4$］和 $\ln k$ vs $\ln$（S/L）

图 3.9　氯化铁超声强化清洗 Avrami 模型方程拟合及 $\ln$［$H_2C_2O_4$］、$\ln$（S/L）线性关系

根据不同反应固液比和浓度下的浸出动力学方程拟合，如图 3.10（a）、（b）所示。采用 $\ln k$ 与 $\ln$（$H_2C_2O_4$）曲线和 $\ln k$ 与 $\ln$（S/L），可根据式（3.7）确定超声强化草酸＋氯化铁复配试剂清洗过程中的 a 值和 b 值，如图 3.10（c）拟合函数斜率所示。由此可见超声强化草酸＋氯化铁复配试剂清洗的 a 值为 -0.586，b 值为 0.116，当 a 为负值时，随着浓度梯度的增大，表明清洗效率逐渐降低，而 b 值为正值时，随着固液比梯度的增大，表明清洗效率逐渐减低，这与超声强化清洗这一试验结果一致。

（3）浸出动力学方程式

根据 Avrami 模型，其动力学方程为 Eq.(5)，通过 Eq.(6) 确定。在式（3.7）中，A、b、n、E_a 的值得到后，就可以计算出指前因子 A。根据不同温度、草酸浓度为 1.0 mol/L、固液比为 1:20 g/mL 条件下浸出动力学参数，可以得到 A。不同温度下 V 和 Fe 的浸出动力学方程如下：

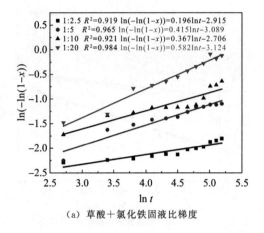

（a）草酸＋氯化铁固液比梯度

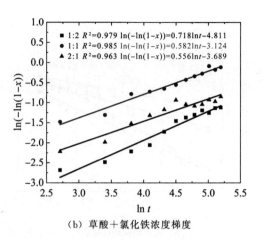

（b）草酸＋氯化铁浓度梯度

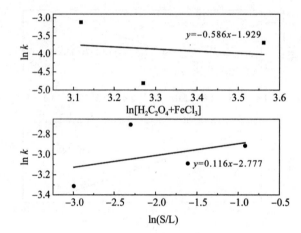

（c）$\ln k$ vs $\ln\left[H_2C_2O_4\right]$ 和 $\ln k$ vs $\ln\left(S/L\right)$

图 3.10　草酸＋氯化铁超声强化清洗 Avrami 模型方程拟合及
$\ln\left[H_2C_2O_4\right]$、$\ln\left(S/L\right)$ 线性关系

超声强化草酸清洗：

$$-\ln(1-x)=98.638\ (C_{H_2C_2O_4})^{0.955}\left(\frac{S}{L}\right)^{-0.054}e^{\frac{-13\,063}{RT}}t^{0.38} \tag{3.8}$$

超声强化氯化铁清洗：

$$-\ln(1-x)=0.001\,85\ (C_{FeCl_3})^{2.237}\left(\frac{S}{L}\right)^{-1.556}e^{\frac{-16\,017}{RT}}t^{0.60} \tag{3.9}$$

超声强化草酸＋氯化铁复配清洗：

$$-\ln(1-x)=12.510\ (C_{H_2C_2O_4+FeCl_3})^{-0.586}\left(\frac{S}{L}\right)^{-0.116}e^{\frac{-8617}{RT}}t^{0.62} \tag{3.10}$$

根据方程式（3.8）、（3.9）和（3.10），在一定的超声强化清洗条件下，通过总结所有实验条件的基础，利用动力学方程模拟，计算得出草酸清洗、氯化铁清洗和草酸＋氯化铁复配清洗对放射性核素铀污染土壤的清洗率 x（模型计算结果），并与实验结果

x（室内试验结果）进行了比较，如图 3.11 所示。三者的计算值与实验数据具有一定的关联性，总体分布在 x（模型计算结果）vs x（室内试验结果）的比率线四周，这一结果表明，所获得的动力学方程可以用来预测超声强化草酸清洗、氯化铁清洗和草酸＋氯化铁复配清洗放射性核素铀污染土壤中铀的行为。

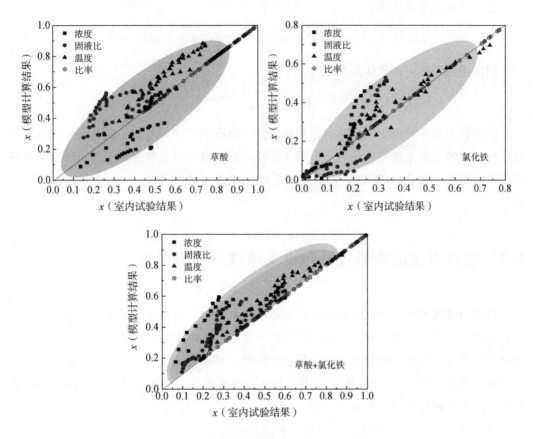

图 3.11　方程式计算结果与试验结果对比

3.1.3　小结

（1）超声强化草酸清洗最佳工艺参数为 0.2 mol/L、1∶10 g/mL 固液比、85 ℃；超声强化氯化铁清洗最佳工艺参数为 10 g/L、1∶10 g/mL 固液比、85 ℃；超声强化草酸＋氯化铁复配清洗试剂清洗最佳工艺参数为 1∶1、1∶20 g/mL 固液比、85 ℃。

（2）铀在不同试验变更参数的条件下的溶解动力学、内扩散、外部扩散控制和浸出动力学中，浸出动力学最优。根据其活化能可知三者的反应速率排序为超声强化草酸＋氯化铁复配清洗＞超声强化草酸清洗＞超声强化氯化铁清洗，这与计算所得反应速率常数结果相一致。

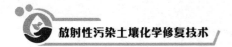

（3）浸出动力学方程分别如下：

超声强化草酸清洗：

$$-\ln(1-x) = 98.638\ (C_{H_2C_2O_4})^{0.955} \left(\frac{S}{L}\right)^{-0.054} e^{\frac{-13\ 063}{RT}} t^{0.38} \qquad (3.11)$$

超声强化氯化铁清洗：

$$-\ln(1-x) = 0.001\ 85\ (C_{FeCl_3})^{2.237} \left(\frac{S}{L}\right)^{-1.556} e^{\frac{-16\ 017}{RT}} t^{0.60} \qquad (3.12)$$

超声强化草酸＋氯化铁复配清洗：

$$-\ln(1-x) = 12.510\ (C_{H_2C_2O_4+FeCl_3})^{-0.586} \left(\frac{S}{L}\right)^{-0.116} e^{\frac{-8617}{RT}} t^{0.62} \qquad (3.13)$$

利用动力学方程模拟，计算得出草酸清洗、氯化铁清洗和草酸＋氯化铁复配清洗对放射性核素铀污染土壤的结果有一定的关联性，所获得的动力学方程可以用来预测超声强化草酸清洗、氯化铁清洗和草酸＋氯化铁复配清洗放射性核素铀污染土壤中铀的行为。

3.2 超声强化清洗修复铀污染土壤微观界面特征

常用的清洗剂中，无机强酸能有效地溶解土壤中的矿物质和转运金属及络合物，不可避免地导致土壤基质溶解、土壤结构不良、土壤 pH 和肥力降低等负面影响，而草酸被认为是可生物降解的环境友好型低分子有机酸，对土壤质量的不利影响较小，也可作为还原剂和螯合物[7-8]。金属盐也常用作为从土壤中提取金属的试剂，$FeCl_3$ 的 pKa 值较低，阴离子氯配体可以增强对土壤中有毒阳离子金属的提取[9-10]。Makino[11] 等人的一系列研究表明，与作为浸出剂的其他金属盐相比，$FeCl_3$ 可以有效地去除 Cd；许端平[12] 等人研究了柠檬酸＋氯化铁去除污染土壤中重金属 Pb 和 Cd，通过其不同的静态条件试验，拟合了其清洗动力学；邓天天[13] 等人通过 $FeCl_3$-草酸协同作用，探讨了对砷污染土壤的清洗特性，可见单一草酸和单一氯化铁针对污染土壤的重金属清洗具有良好的性能，鉴于不同的因子可能对土壤特性有不同的影响，通过有机酸与金属盐的复配可以达到降低对土壤的破坏。

以往使用较多的是通过化学清洗动力学或者浸出动力学拟合，来分析清洗试剂对土壤的作用过程，其能够解释土壤在清洗试剂中的扩散作用、扩散速率、清洗趋势和化学反应，但不能够完全定量分析和微观层面的分析，随着科研手段的不断进步发展，借助傅里叶红外变换光谱（FT-IR）、扫描电镜（SEM）、X 射线衍射（XRD）、扩展 X 射线吸收光谱（EXAFS）等来表征分析土壤表面形态、微观结构、微区分析越来越普遍[14]。Yuhuan Sun 等人借助 SEM-EDS、XRD、XPS 等手段，解释了草酸、柠檬酸和盐酸从污染土壤中去除铬的机制和伴随去除非靶向金属的可能性；Kwon Man Jae 等人利用序列提取、X射线荧光光谱（XRF）、X射线衍射（XRD）、扫描电镜（SEM）和X射线荧光光谱（XAFS）等分析技术，对某锌矿运输路线附近污染土壤的地球化学和矿物学特征进行了深入研究。借助这些表征手段能够有效地协助科研工作者深入了解清洗作用机制，为土壤修复评价提供可靠地参考和新的思路方法。本章节通过扫描电镜（SEM）、X射线衍射（XRD）、傅里叶红外变换光谱（FT-IR）手段，揭示传统振荡清洗和超声强化清洗作用机制，提出研究的可行性，为土壤评价提供参考依据。

3.2.1 材料与方法

通过扫描电子显微镜与能谱分析（SEM-EDS），对传统振荡清洗和超声强化清洗土壤前后二维表面形貌特征进行表征，SEM型号：Zeiss Sigma 300，EDS型号：布鲁克电制冷X射线能谱仪。通过X射线衍射（XRD）分析，对传统振荡清洗和超声强化清洗土壤前后中的矿物进行了定性鉴定，XRD型号为布鲁克D8。通过傅里叶红外光谱（FT-IR）分析，对传统振荡清洗和超声强化清洗土壤前后中表面官能团种类和变化进行分析，FTIR型号：布鲁克VERTEX80。XRD使用jade6.5 PDF卡片进行对比，所有数据统计分析均使用Excel 2007（Microsoft Office）进行，实验分析图使用Origin8.0制作。

3.2.2 结果与分析

（1）清洗前后土壤化学形态特征

针对传统振荡和超声强化不同清洗剂下的土壤以及原生砂土中的铀形态进行对比分析，如图3.12（a）所示。经清洗的土壤对比原生砂土，F1无明显变化，F2和F3变化幅度与清洗方式无关，仅给你清洗试剂有关，其中草酸＋氯化铁复配试剂降幅最大，F4增幅为3%～14%，其中超声强化清洗降幅明显高于传统振荡清洗。F5变化幅度整体都有升高趋势，仅传统振荡草酸清洗幅度降低2%，F6均有大幅度的降低，其中降幅最大的为传统草酸振荡清洗，降幅最小的为超声强化草酸＋氯化铁复配试剂清洗，F7具有明显的统一升高趋势，升高幅度为20%～30%左右。由此可见草酸清洗主要作用于土壤中离子可交换态、碳酸盐结合态和中度难溶解矿物结合态的铀，超声强化清洗增加了土壤中有机物结合态和碳酸盐结合态铀的清洗；氯化铁清洗主要作用于土壤中离子可交换态、碳酸盐结合态和铁锰氧化物结合态的铀，超声强化清洗增加了土壤中铁锰氧化物结合态的铀的清洗；超声强化草酸＋氯化铁复配试剂清洗中铁锰氧化物结合态、有机物结合态、中度难溶解矿物结合态、残渣态总和占比高于其他五种方式类型。对比发现其主要作用于离子可交换态和碳酸盐结合态，通过进一步强化铁锰氧化物结合态和中度难溶解矿物结合态从而达到增强铀的清洗性能。

土壤中M_F（土壤流动性）值高的土壤，其毒性和生物可利用性将会更高；I_R（土壤稳定性）指数能够反映土壤中重金属结合强度，I_R值越高，则说明重金属在土壤中越稳定。为进一步分析土壤中形态的流动性和稳定性，计算原生砂土以及经不同清洗剂处理过的土壤的 I_R 和 M_F，结果如图 3.12（b）所示。经过清洗剂的处理，原位砂土、超声强化草酸清洗、超声强化氯化铁清洗、超声强化草酸＋氯化铁复配试剂清洗、传统振荡草酸清洗、传统振荡氯化铁清洗、传统振荡草酸＋氯化铁复配试剂清洗土壤中 I_R、M_F 值的发生明显变化，I_R 值分别为 0.64、0.69、0.64、0.71、0.67、0.74、0.72，M_F 值分别为 19.72、12.65、13.94、5.14、16.17、10.19 和 7.30。其中 I_R 值均有所升高，升高幅度变化较小，保持在 0.1 左右，表明经过处理过后，铀在土壤中稳定性能得到保证，M_F 值均有所降低，超声强化草酸＋氯化铁复配试剂清洗下降幅度最大为 7.83，说明了经清洗剂处理后，土壤中铀的流动性和生物可利用性明显降低。经过上述对比，超声强化草酸＋氯化铁复配试剂对降低土壤中的危害性及生态风险方面所发挥的积极作用最大。

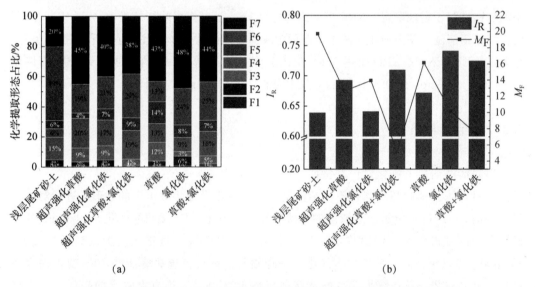

（a） （b）

图 3.12 超声强化清洗前后土壤中铀的化学提取形态及流动性、稳定性变化

注：F1 水溶态；F2 离子可交换态；F3 碳酸盐结合态；F4 铁锰氧化物结合态；F5 有机物结合态；F6 中度难溶解矿物结合态；F7 残渣态。

（2）扫描电子显微镜与能谱（SEM-EDS）

利用扫描电子显微镜手段对传统振荡清洗前后和超声强化清洗前后土壤颗粒的表面形貌结构和晶相形态进行了分析，如图 3.13、图 3.14（扫描电子显微镜表观结构图）所示。浅层尾矿砂土主要表现为块状分布的团聚体和层状颗粒，机械振荡清洗和超声强化清洗处理的 SEM 图像没有明显差异，表明机械振荡清洗和超声强化清洗对土壤颗粒表面没有造成明显的损伤，土壤长时间暴露在超声波下会导致土壤颗粒表面断裂形成鳞状结晶体，超声波物理效应对土壤颗粒表面的破坏主要是由于声波物理效应加速了土壤中污染物的去除反应速率。未处理浅层尾矿砂土整体土壤结构完整，粒径大小分布均

（a）浅层尾矿砂土；（b）草酸清洗后；（c）氯化铁清洗后；（d）草酸＋氯化铁复配清洗后

图 3.13　传统振荡清洗前后扫描电子显微镜

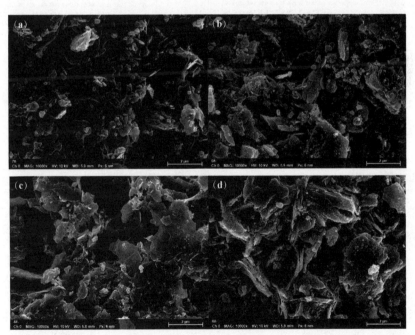

（a）浅层尾矿砂土；（b）草酸清洗后；（c）氯化铁清洗后；（d）草酸＋氯化铁复配清洗后

图 3.14　超声强化清洗前后扫描电子显微镜

匀，呈现为颗粒分明的不规则粒状，经传统振荡清洗后，土壤表层存在微团聚体和磷片状结晶体，其中氯化铁清洗后和草酸＋氯化铁复配清洗后的微团聚体最为明显，这可能为放射性核素铀的溶解所导致。污染土样在草酸的冲刷下，没有观察到微团聚体，土壤表面变得更加光滑，主要以磷片状结晶体存在，各处散落分布少量微团聚体。由此推断，传统振荡清洗放射性核素铀的去除与分布均匀的颗粒有关，主要溶解表征为磷片状结晶体和微团聚体。

利用 EDS（能谱分析）对传统振荡清洗前后土壤颗粒的元素分布进行了分析，如图 3.15、图 3.16（能谱分析图）所示。能谱分析表明，C、O、Si、Al 和 Ca 是清洗前后土壤中的主要元素，洗涤后土壤中 C、O、U、Th 等元素含量降低幅度较大，K、Ca、Mg、Si、Al 等元素降低，表明三种试剂振荡清洗效果明显，其中 F、K、Ca、Mg、Si、Al 等元素的含量降低表明土壤结构成分一定程度受到了破坏，其中白云母、钾长石、钙长石等基本化合物受到破坏，与土壤清洗前后化学提取形态中度难溶解矿物含量大幅度降低的结论一致。因此，在土壤清洗过程中放射性核素铀的去除可以通过两种方式实现：一种是直接从颗粒表面解吸铀，另一种是从较大的母颗粒上破坏或者分离含铀的细颗粒，而细颗粒进一步与清洗剂作用后转移至液相。

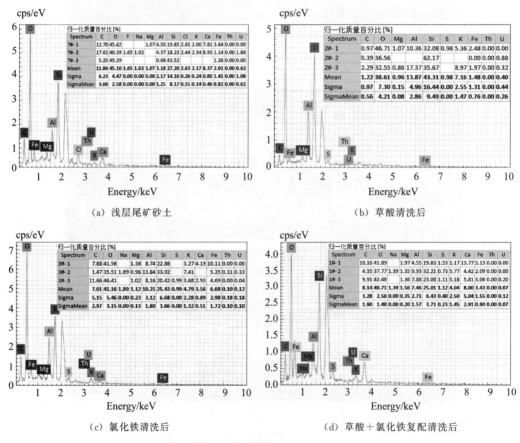

图 3.15　传统振荡清洗前后能谱分析

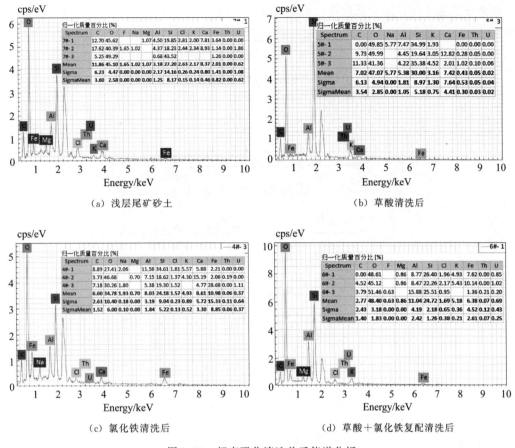

图 3.16　超声强化清洗前后能谱分析

（3）X 射线衍射（XRD）

利用 X 射线衍射（XRD）手段对传统振荡清洗前后和超声强化清洗前后土壤颗粒的晶相矿物进行了分析，如图 3.17（XRD 谱图）所示。不同试剂和不同的清洗方式可能会给土壤的晶相矿物造成不同的破坏，由此根据其特征峰判断作用主要机制。根据 XRD 谱图结果可知，所有的土壤样品均一定程度受到风化作用的影响，其中清洗前后土壤样品各个特征峰表现为石英（SiO_2）、高岭石（$Al_4(SiO_{10})\cdot(OH)_3$）、长石（$(Na,K)AlSi_3O_8$）、白云石（$CaMg(CO_3)_2$）、白云母（$KAl_2(Si_3AlO_{10})(OH,F)_2$），故这五类作为土壤样品的主要矿物晶相。EDS 能谱图可见浅层尾矿库砂土 F 元素归一化质量比占 1.65% 结果，与白云母晶相出现在 XRD 谱图中一致。特征峰 26.737° 作为清洗前后土壤样品中石英晶相的主要证据，整体特征峰未发现明显变化，可见两种清洗方式对土壤整体晶相的矿物结构破坏微小。而清洗后白云石和白云母的部分特征峰的消失进一步验证 EDS 能谱图中 F、K、Ca、Mg、Si、Al 等元素归一化质量百分比的降低，可见清洗剂通过破坏白云石和白云母的结构，而溶解部分依附于此的铀化合物，达到清洗目的，部分白云石、白云母的消失，以及长石的出现，表明清洗过程不仅仅为简单的扩散控制，有可能伴随离子交换作用、络合反应等一系列反应。

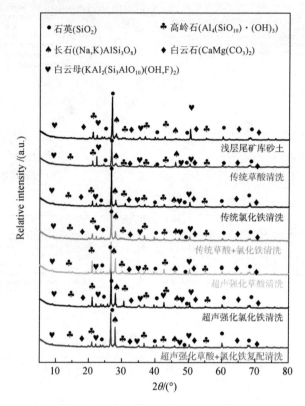

图 3.17　清洗前后土壤的 XRD 谱图

（4）傅里叶红外光谱（FT-IR）

利用 FTIR 光谱手段对传统振荡清洗前后和超声强化清洗前后土壤颗粒的官能团进行了分析，如表 3.6（清洗前后土壤样品傅里叶红外光谱（FT-IR）特征峰）、图 3.18（FTIR 光谱图）所示。由表 3.6 可见，所有样品的光谱均显示相似的吸收峰，大约在 3620 cm^{-1}（高岭石内部 O—H 伸缩振动）、3400 cm^{-1}（水中羧基和羟基中的 O—H 键伸缩振动）、2900 cm^{-1}（有机质里面—CH$_2$ 和—CH$_3$ 的对称和非对称 C—H 伸缩振动）、1875 cm^{-1}（土壤有机质中的羧酸的伸缩振动）、1630 cm^{-1}（土壤层状硅酸盐水化层中 H$_2$O 的弯曲振动；羰基或醌中氢键绑定 C＝O）、1010 cm^{-1}（白云母的 Si—O—Si 不对称平面伸缩振动）、780 cm^{-1}（石英和长石中对称 Si—O—Si 振动）、695 cm^{-1}（石英和白云母中 Si—O—Al 振动或者对称 Si—O—Si 弯曲振动）、538 cm^{-1}（伊利石、蒙脱石中 Si—O—Al 变形）、470 cm^{-1}（石英、高岭石、长石中 Si—O/Si—O—Fe 弯曲振动）附近，可见清洗对土壤的化学官能团体系影响较小。而仅在浅层尾矿库砂土样品中发现 1430 cm^{-1} 吸收峰（白云石中 CO$_3^{2-}$ 振动；—CH$_2$ 和—CH$_3$ 基团的 C—H 弯曲振动），而另外 6 种清洗后土壤样品未发现改特征峰，可见白云石整体结构发生破坏，这可能由于铀在土壤中以化合物的形态赋存于其表面或与其络合，清洗过程中试剂已基本溶解，或以其他形式存在。此外，1310 cm^{-1}吸收峰（硝酸盐中 N—O 伸缩振动）未在浅层尾矿库砂土样，仅存在于传统草酸清洗、传统草酸＋氯化铁清洗、超声强化草酸清洗和超声强化草酸＋氯化铁复配清洗后的土壤样品中，可见草酸试剂不同于氯化铁的作用机制，其中产生了新的官能团，超声强化起到了加速反应的作用。

表 3.6　清洗前后土壤样品傅里叶红外光谱（FT-IR）特征峰

样品类型	浅层尾矿库砂土	传统草酸清洗	传统氯化铁清洗	传统草酸＋氯化铁清洗	超声强化草酸清洗	超声氯化铁清洗	超声强化草酸＋氯化铁复配清洗
波数	3621	3803	3623	3622	3621	3856	3622
	3430	3622	3439	3427	3432	3624	3432
	2902	3444	2902	2901	3068	3423	2833
	2514	2832	2833	2829	2657	2904	1879
	1878	1877	2514	1876	2513	2832	1620
	1797	1626	2361	1642	1876	2361	1320
	1630	1320	2335	1322	1655	1878	1086
	1415	1030	1878	1029	1622	1785	1034
	1029	781	1796	779	1317	1628	784
	781	692	1632	693	1032	1567	692
	692	648	1029	647	781	1029	648
	647	581	778	581	692	778	581
	581	528	692	531	648	693	532
	530	472	647	472	528	648	474
	472	431	532	429	472	532	
	428		473		428	472	
			428			429	

观察基本特征峰的移动和峰强增减，可以作用官能团的活跃度。根据图 3.18 所示，含有氯化铁试剂清洗的谱图位于 1630 cm^{-1} 附近出现部分峰值移动和峰值减弱的现象，可见其金属离子与羧酸盐和羟基盐阴离子发生化学作用所致，依靠水中羟基和羧基的振动弯曲实现对铀的清洗，而该峰针对仅仅含草酸试剂清洗的土壤样品出现峰值增大的现象，相比之下，土壤在草酸的冲刷后峰值强度不同，主要由于土壤矿物质草酸的疏水性能差异导致。较为明显的红移现象出现在 1010 cm^{-1}（白云母的 Si—O—Si 不对称平面伸缩振动）附近的特征峰，对比浅层尾矿库砂土发现清洗后的土壤样品峰值均增大，可见 Si—O—Si 不对称平面伸缩振动发挥了重要作用，由此可见石英、长石、白云母、高

岭石等参与的化学清洗过程主要以 Si—O—Si 官能团发挥作用，白云石的结构破坏相比之下较高。

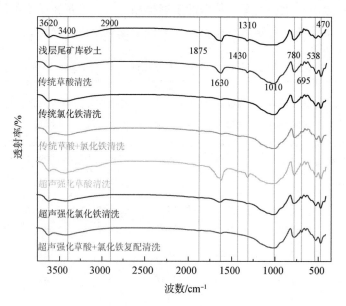

图 3.18 清洗前后土壤的 FTIR 光谱图

3.2.3 小结

（1）超声强化草酸＋氯化铁复配试剂清洗中铁锰氧化物结合态、有机物结合态、中度难溶解矿物结合态、残渣态总和占比高于其他五种方式类型。对比发现其主要作用于离子可交换态和碳酸盐结合态，通过进一步强化铁锰氧化物结合态和中度难溶解矿物结合态从而达到增强铀的清洗性能，超声强化草酸＋氯化铁复配试剂中 I_R、M_F 值的可以发现，对降低土壤中的危害性及生态风险方面所发挥的积极作用最大。

（2）未处理浅层尾矿砂土整体土壤结构完整，粒径大小分布均匀，呈现为颗粒分明的不规则粒状，经传统振荡清洗后，土壤表层存在微团聚体和磷片状结晶体，其中氯化铁清洗后和草酸＋氯化铁复配清洗后的微团聚体最为明显，这可能为放射性核素铀的溶解导致。

（3）两种清洗方式对土壤整体晶相的矿物结构破坏微小，所有的土壤样品均一定程度受到风化作用的影响，其中清洗前后土壤样品各个特征峰表现为石英（SiO_2）、高岭石（$Al_4(SiO_{10}) \cdot (OH)_3$）、长石（$(Na, K)AlSi_3O_8$）、白云石（$CaMg(CO_3)_2$）、白云母（$KAl_2(Si_3AlO_{10})(OH, F)_2$），故这五类作为土壤样品的主要矿物晶相。

（4）对比浅层尾矿库砂土发现清洗后的土壤样品峰值均增大，可见 Si—O—Si 不对称平面伸缩振动发挥了重要作用，由此可见石英、长石、白云母、高岭石等参与的化学清洗过程主要以 Si—O—Si 官能团发挥作用，白云石的结构破坏相比之下较高。

3.3　本章小结

本研究通过振荡清洗确定草酸、氯化铁和草酸＋氯化铁复配进行超声强化清洗的试验试剂。在研究超声强化清洗最佳工艺条件的基础上，通过对比溶解动力学、内扩散模型、外扩散模型、浸出动力学等四个清洗动力学方程，得出浸出动力学最符合铀污染土壤超声强化清洗的特征，通过进一步推演计算得出超声强化草酸清洗、超声强化氯化铁清洗、超声强化草酸＋氯化铁清洗的浸出动力学方程，对比室内试验结果，确定该方程的实用可靠性。采用化学连续提取形态法、SEM-EDS、XRD、FT-IR 的微观分子表征手段，探讨铀在清洗过程中的吸附、运移和分配机制，揭示超声强化清洗技术中铀的去除机理。以采用 RSP 和 RAC 对浅层原位铀尾矿库砂土、传统振荡清洗后和超声强化清洗后土壤进行生态风险评价，进一步开展不同试剂、不同方式的清洗性能和清洗机制判断最佳场地的应用方案，对所采集的所有的样品进行试验，最终采用地质累积评价和潜在生态评价对比清洗前后的风险评价，从而完成整个评估过程，为超声强化清洗的技术工艺到风险评价提供依据。

（1）超声强化草酸清洗最佳工艺参数为 0.2 mol/L、1∶10 g/mL 固、液比、85 ℃；超声强化氯化铁清洗最佳工艺参数为浓度 10 g/L、1∶10 g/mL 固、液比、85 ℃；超声强化草酸＋氯化铁复配清洗试剂清洗最佳工艺参数为 1∶1、1∶20 g/mL 固、液比、85 ℃。

（2）铀在不同试验变更参数的条件下的溶解动力学、内扩散、外部扩散控制和浸出动力学中，浸出动力学最优。浸出动力学方程分别为：

超声强化草酸清洗：

$$-\ln(1-x) = 98.638 \, (C_{H_2C_2O_4})^{0.955} \left(\frac{S}{L}\right)^{-0.054} e^{\frac{-13\,063}{RT}} t^{0.38} \tag{3.14}$$

超声强化氯化铁清洗：

$$-\ln(1-x) = 0.001\,85 \, (C_{FeCl_3})^{2.237} \left(\frac{S}{L}\right)^{-1.556} e^{\frac{-16\,017}{RT}} t^{0.60} \tag{3.15}$$

超声强化草酸＋氯化铁复配清洗：

$$\ln(1-x) = 12.510 \, (C_{H_2C_2O_4+FeCl_3})^{-0.586} \left(\frac{S}{L}\right)^{-0.116} e^{\frac{-8617}{RT}} t^{0.62} \tag{3.16}$$

（3）利用动力学方程模拟，计算得出草酸清洗、氯化铁清洗和草酸＋氯化铁复配清洗对放射性核素铀污染土壤的结果有一定的关联性，所获得的动力学方程可以用来预测超声强化草酸清洗、氯化铁清洗和草酸＋氯化铁复配清洗放射性核素铀污染土壤中铀的行为。

（4）超声强化草酸＋氯化铁复配试剂清洗中铁锰氧化物结合态、有机物结合态、中度难溶解矿物结合态、残渣态总和占比高于其他五种方式类型。对比发现其主要作用于离子可交换态和碳酸盐结合态，通过进一步强化铁锰氧化物结合态和中度难溶解矿物结合态从而达到增强铀的清洗性能，超声强化草酸＋氯化铁复配试剂中 I_R、M_F 值的可以发现，对降低土壤中的危害性及生态风险方面所发挥的积极作用最大。

（5）未处理浅层尾矿砂土整体土壤结构完整，粒径大小分布均匀，呈现为颗粒分明的不规则粒状，经传统振荡清洗后，土壤表层存在微团聚体和磷片状结晶体，其中氯化铁清洗后和草酸＋氯化铁复配清洗后的微团聚体最为明显。所有的土壤样品均一定程度受到风化作用的影响，其中清洗前后土壤样品各个特征峰表现为石英（SiO_2）、高岭石（$Al_4(SiO_{10}) \cdot (OH)_3$）、长石（$(Na,K)AlSi_3O_8$）、白云石（$CaMg(CO_3)_2$）、白云母（$KAl_2(Si_3AlO_{10})(OH,F)_2$），故这五类作为土壤样品的主要矿物晶相。

（6）振荡清洗和超声强化清洗方式对土壤整体晶相的矿物结构破坏微小，对比浅层尾矿库砂土发现清洗后的土壤样品峰值均增大，Si—O—Si 不对称平面伸缩振动发挥了重要作用，由此可见石英、长石、白云母、高岭石等参与的化学清洗过程主要以 Si—O—Si 官能团发挥作用，白云石的结构破坏相比之下较高。

参考文献：

[1] Hasegawa H, Mamun M A A, Tsukagoshi Y, et al. Chelator-assisted washing for the extraction of lead, copper, and zinc from contaminated soils: A remediation approach [J]. Applied geochemistry, 2019, 109: 104397.

[2] Ghiasvand A, Zarghami F, Beiranvand M. Ultrasensitive direct determination of BTEX in polluted soils using a simple and novel pressure-controlled solid-phase microextraction setup [J]. Journal of the Iranian Chemical Society, 2018, 15 (5): 1051-1059.

[3] De La Calle I, Cabaleiro N, Lavilla I, et al. Ultrasound-assisted single extraction tests for rapid assessment of metal extractability from soils by total reflection X-ray fluorescence [J]. Journal of Hazardous Materials, 2013, 260 (Sep. 15): 202-209.

[4] Sun T, Beiyuan J, Gielen G, et al. Optimizing extraction procedures for better removal of potentially toxic elements during EDTA-assisted soil washing [J]. Journal of Soils and Sediments, 2020, 20 (9): 3417-3426.

[5] Son Y, Cha J, Lim M, et al. Comparison of ultrasonic and conventional mechanical soil-washing processes for diesel-contaminated sand [J]. Industrial & Engineering Chemistry Research, 2011, 50 (4): 2400-2407.

[6] Wang J, Jiang J, Li D, et al. Removal of Pb and Zn from contaminated soil by different washing methods: the influence of reagents and ultrasound [J]. Environmental Science and Pollution Research International, 2015, 22 (24):

20084-20091.

[7] Sun Y，Guan F，Yang W，et al. Removal of chromium from a contaminated soil using oxalic acid，Citric Acid，and Hydrochloric Acid：Dynamics，Mechanisms，and Concomitant Removal of Non-Targeted Metals ［J］. International Journal of Environmental Research and Public Health，2019，16（15）：2771.

[8] J K，Gayathri K V，Kumar P S，et al. An efficient lab-scale soil bioreactor for the removal of chromium（Cr）and arsenic（As）contaminated soil using co-culture ［J］. International Journal of Environmental Analytical Chemistry，2021：1-20.

[9] Jianbo G，Jie Z，Changxun D，et al. Remediation of metal-contaminated paddy soils by chemical washing with FeCl$_3$ and citric acid ［J］. Springer Berlin Heidelberg，2018，18（3）.

[10] 梁芳，郭朝晖，门姝慧，等. EDTA、DTPA、柠檬酸和FeCl$_3$对污染稻田土壤镉铅的去除及土壤肥力的影响（英文）［J］. Journal of Central South University，2019，26（11）：2987-2997.

[11] Makino T，Takano H，Kamiya T，et al. Restoration of cadmium-contaminated paddy soils by washing with ferric chloride：Cd extraction mechanism and bench-scale verification ［J］. Chemosphere（Oxford），2008，70（6）：1035-1043.

[12] 许端平，李晓波，王宇，等. FeCl$_3$-柠檬酸对土壤中Pb和Cd淋洗动力学特征 ［J］. 环境工程学报，2016，10（11）：6753-6760.

[13] 邓天天，李晗晟，马梦娟，等. FeCl$_3$-草酸协同作用对砷污染土壤的淋洗特性研究 ［J］. 应用化工，2018，47（07）：1419-1424.

[14] 王贵胤. 生物可降解螯合剂对镉铅锌污染土壤修复机理及生态风险评估 ［D］. 四川农业大学，2019.

第4章

铀污染土壤 M-HAP 辅助
化学修复研究

本章通过共沉淀法制备出了磁性羟基磷灰石吸附剂（M-HAP），结合扫描电镜（SEM）、磁滞回线（VSM）、能谱分析（EDS）、X射线衍射（XRD）分析测试手段，对吸附剂的形貌结构等进行了表征，结果表明磁核颗粒稳定的负载在羟基磷灰石表面，具有良好的磁性，能在外加磁场的条件下迅速与水分离，磁性随着 Fe/P 的增加而增大。Freundlich 吸附等温模型能较好地描述磁性羟基磷灰石的吸附能力，反应符合准一级、准二级吸附速率模型[1-3]。

磁吸附分离技术结合磁性吸附剂处理含铀废水的试验结果表明：在较低投量范围内，铀吸附活性由高到低排序为磁性羟基磷灰石＞磁性铁锰氧化物＞磁性海泡石＞磁性壳聚糖＞磁性羟基铁（磁核成分：活性成分＝3：1）。M-HAP 在最佳条件为 pH＝5～6、初始铀浓度为 5 mg/L、投加量为 0.16 g/50 mL（3.2 g/L）、反应时间为 60 min 时，M-HAP 对水中铀的去除效果最好，去除率达到 95％以上，将吸附剂循环五次试验后，吸附活性未发生较大落差，吸附剂制备简易，成本低廉，回收方便，二次污染小，具有潜在的工业价值[4]。

磁吸附分离技术结合磁性羟基磷灰石处理含铀土壤的试验结果表明：M-HAP 对不同土壤样品中磁吸附分离技术的较优条件为机械搅拌 5 h，弱酸调节 pH＝5，M-HAP 投加量 5％（实验土壤样品的 5％），在较优条件下磁吸附效率能达到 60％左右，北方某矿山取得的 6 种土壤磁吸附铀去除率在 41.6％～64.4％之间。氧化剂双氧水可以提高土壤的磁吸附效率，部分土壤样品中铀的磁吸附去除率可增加 30～40 个百分点。SEM 测试结果表明，1～6 号土壤磁吸附前后形态未发生明显变化，EDS 结果表明1 号～6 号土壤铀含量在磁吸附后显著降低。M-HAP 具有的高磁化强度，能高效地实现固固分离（磁性吸附剂与试验土壤），反应前后对土壤性质影响不大，为以后矿山土壤的改善提供了理论基础[5-6]。

4.1　材料制备与表征

实验试剂与实验所需仪器见表4.1、表4.2。实验所需材料为：烧杯（50 mL, 100 mL,

500 mL，1000 mL），聚四氟坩埚，玻璃棒，胶头滴管，10 mL 离心管，10 mL 比色管，网格筛（9 目，65 目，100 目，200 目），0.45 μm 滤膜，三口烧瓶，矩形托盘，锡纸。

表 4.1 实验化学试剂列表

试剂名称	化学式	纯度	厂家
氯化亚铁	$FeCl_2$	分析纯	上海国药集团化学试剂有限公司
三氯化铁	$FeCl_3$	分析纯	上海国药集团化学试剂有限公司
四水合硝酸钙	$Ca(NO_3)_2 \cdot 4H_2O$	分析纯	上海国药集团化学试剂有限公司
磷酸	H_3PO_4	分析纯	西陇化学股份有限公司
硝酸	HNO_3	分析纯	西陇化学股份有限公司
高氯酸	$HClO_4$	分析纯	西陇化学股份有限公司
氢氟酸	HF	分析纯	西陇化学股份有限公司
氯化钾	KCl	分析纯	上海国药集团化学试剂有限公司
氢氧化钠	$NaOH$	分析纯	上海国药集团化学试剂有限公司
八氧化三铀	U_3O_8	分析纯	上海国药集团化学试剂有限公司
高锰酸钾	$KMnO_4$	分析纯	上海国药集团化学试剂有限公司
乙酸	CH_3COOH	分析纯	上海国药集团化学试剂有限公司
聚二乙醇	$HO(CH_2CH_2O)nH$	分析纯	上海国药集团化学试剂有限公司
石油醚	$C_5H_{12} \cdot C_6H_{14} \cdot C_7H_{16}$	分析纯	上海国药集团化学试剂有限公司
戊二醛	$C_5H_8O_2$	分析纯	上海国药集团化学试剂有限公司

表 4.2 实验所用仪器列表

仪器	型号	厂家
恒温振荡器	DP-1102	北京亚欧科技有限公司
台式高速离心机	TG18.5	上海卢湘有限公司
机械搅拌器	Y8-2B	常州普天仪器制造有限公司
pH 计	BT586	深圳隆泰环保有限公司
电子天平	MXX-5	苏州江东精密仪器有限公司
扫描电子显微镜	JSM-IT300	日本 AC 公司
磁滞回线测试仪	PPMS-9T 型	美国量子设计公司
恒温干燥箱	DGF-4S 型	浙江力辰仪器科技有限公司
去离子水机	Smart-Q30	上海和泰仪器有限公司
ICP-OES	Agilent 5100	安捷伦科技有限公司
高梯度磁选机	JKS-5-102 型	江苏旌凯中科超导高技术有限公司
恒温水浴锅	DF-101S	河南予华仪器有限公司
电热板	IDS-986A	艾迪塞微电脑控制智能加热台
超声波清洗机	020S	德意生仪器有限公司
多晶 X 射线衍射仪	D8 advance 型	德国布鲁克公司

实验 pH 测定：对 pH 测定仪进行酸碱校准，将电极插入 pH 缓冲液中（6.86 与 9.18），待读数稳定后，校准数值为标准值即可。测量溶液 pH，将电极底部球泡完全浸入待测溶液中，待数值稳定后进行读数。使用完毕后，用去离子水冲洗底部球泡，使用滤纸吸干剩余水分，置于饱和 KCl 溶液中保存。

供试土壤铀浓度的测定如下：

（1）取实验所得部分烘干土样，过 100 目网格筛，称取 0.01 g～0.1 g（准确至 0.000 1 g）土壤样品于 20～30 mL 聚四氟坩埚中，用少许去离子水湿润，分别滴加入 5 mL 浓硝酸，3 mL 高氯酸，2 mL 氢氟酸，摇匀，加盖，放置于预热好的电热板上（280 ℃），高温消解 1 h 后，待试样分解完全，打开盖子，蒸至白烟冒近。取下坩埚，沿壁滴加 1 mL 硝酸，放回电热板，加热至湿盐状，继续滴加 5 mL 的分析纯硝酸，1 mL 氢氟酸，加热至溶液呈现清亮状，关闭电热板，用水冲壁一周，取下坩埚放置室温，倒入 10 mL 比色管中，用去离子水稀释至刻度，摇匀，澄清后待测。

（2）取消解后的水样，过 0.45 μm 的滤膜，此步操作是为了防止溶液中的微小颗粒堵塞 ICP 仪器，过膜的水样放置于 10 mL 离心管中，加入 1～2 滴 0.1 mol/L 的硝酸溶液进行酸化，待测。

（3）以 0.1 mol/L 的硝酸溶液为溶剂，配制浓度为 0.5、1、2、5、10 mg/L 的铀的标准浓度溶液于 5 个 100 mL 容量瓶中。

（4）将 ICP-OES 仪器在室温（24 ℃）条件下预热 30 min，预热完成后，将配置好的铀的标准溶液使用 ICP-OES 测定，观察标线的相关系数 k 值，如果 k 值较高（k = 0.999～1），可直接进行后续测样，如果 k 值较低（k < 0.999），则重新配制标准溶液，则对标准溶液多次重新测定。

（5）待标线确定后，将过膜酸化后的样品依次使用 ICP-OES 测定，读出结果即为消解后的溶液铀浓度。

（6）ICP-OES 中读取出的数值为消解后定容溶液中的铀浓度，需要换算出土壤样品中的铀浓度，方程表示如下：

$$C_0 = C_1 \frac{0.01}{M} 1000 \tag{4.1}$$

式中：C_0 为土壤中铀浓度（mg/kg）；C_1 为 ICP 机测铀浓度（mg/L）；M 为消解称取的土壤量（g）；溶液中的铀浓度可酸化过膜后直接使用 ICP-OES 检测。

磁核的制备：将 $FeCl_2 \cdot 4H_2O$ 和 $FeCl_3 \cdot 6H_2O$ 按摩尔比为 1∶2 的比例置于 500 mL 烧杯中，加入 200 mL 去离子水，搅拌并缓慢滴加 $NH_3 \cdot H_2O$，调节 pH = 9，继续搅拌 30 min 后，将黑色悬浊液离心分离，并用去离子水多次洗涤，直至溶液呈中性，在 60 ℃ 真空干燥 24 h 后制得纳米级四氧化三铁，研磨过筛，待用（见图 4.1）。

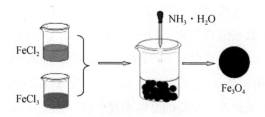

图 4.1　磁核的制备流程

（1）磁性羟基磷灰石的制备：分别配置 0.1 mol/L 的硝酸钙溶液和磷酸溶液，在持续搅拌的体系下，将一定质量的纳米磁核投入 240 mL 0.1 mol/L 的磷酸溶液中，搅拌混合均匀后，向混合体系中缓慢滴加硝酸钙溶液，同时使用 $NH_3 \cdot H_2O$ 调节 pH=10，烧杯中出现灰色悬浊物，继续滴加并搅拌，烧杯中的灰色悬浊物变为黑色沉淀，持续搅拌 30 min 后，将体系静置 24 h，离心并用去离子水进行多次洗涤，放置在 80 ℃ 的恒温干燥箱内烘干，研磨过筛，待用。

（2）磁性铁锰氧化物：准确量取铁盐储备液和高锰酸钾溶液，用 1 mol/L 氢氧化钠溶液缓慢滴定调节 pH 至 7～7.5，维持 pH 不变，此过程持续 30 min。在此滴定过程中，使用搅拌器剧烈混合溶液，保证溶液混合均匀。从实验中可以发现随着氢氧化钠溶液的加入，红褐色絮体迅速生成，且随着 Fe/Mn 比的增加，沉淀絮体颜色越深。最后将混合溶液静置 1 h，可以明显看到分层现象，倒去上清液，将下层沉淀离心，并用去离子水反复冲洗 3 次，以去除杂质离子。将沉淀物在 80 ℃ 下干燥 14 h，研磨过筛，干燥保存。

（3）磁性海泡石的制备：将一定质量的海泡石分散于 160 mL（体积比 Fe^{3+}：Fe^{2+} ＝5：3）的溶液中，将烧杯置于 70 ℃ 的恒温水浴锅中，并使用恒速搅拌器搅拌 90 min，同时向溶液中滴加入 2 mol/L 的氢氧化钠溶液，调节混合溶液的 pH=11.5，继续搅拌 30 min 后，撤去搅拌器，让混合溶液在水浴锅中陈化 120 min，然后离心并用去离子水洗涤黑色沉淀物 3 次，置于 80 ℃ 烘箱中 24 h，研磨过筛待用。

（4）磁性羟基铁的制备：磁性羟基铁样品制备参照 Li 等[1]的方法。转速 200 r/min 搅拌条件下，向 100 mL 1 mol/L $FeCl_3$ 溶液中缓慢滴加入 0.1 mol/L NaOH 溶液，直至体系的 pH=6～7。搅拌一段时间后，离心混合液并用去离子水洗涤数次，至上清液达到中性后，倒去上清液，然后加入一定质量的磁核，继续搅拌，同时调节 pH=10，直至 pH 稳定后，离心倒去上清液，60 ℃ 烘干备用。

（5）磁性壳聚糖的制备：将 1.5 g 壳聚糖溶解进 100 mL 体积分数为 2% 的乙酸溶液中，配制出质量分数 1.5% 的壳聚糖溶液，为了减少壳聚糖的催化降解，此步不做静置处理；准确称量 0.15 g 纳米磁核，加入 1 mL 聚乙二醇液体中，搅拌 5 min 使其混合均匀；将 100 mL 配置好的壳聚糖溶液加入其中，充分搅拌混匀，调节 pH 至 9.0 左右；

然后将纳米四氧化三铁壳聚糖溶液转移至三口烧瓶中，加入 30 mL 液体石蜡，再将三口烧瓶置于水浴锅中，机械搅拌匀速 20 min（搅拌速度不能过快，以免黏性较大的混合溶液被甩出溶液，无法参与反应）；然后加入 10 mL CH₂O，水浴锅保持 40 ℃继续搅拌 30 min 后，水浴锅升温至 60 ℃，加入 3 mL 戊二醛（戊二醛用量很关键，用量过多会造成微球粘连，影响吸附率，甲醛的交联速度更快，但交联强度略次于戊二醛），pH 控制在 9.0 左右，匀速搅拌 2 h；取下三口烧瓶，冷却至室温后，将混合液倒入烧杯中，依次加入石油醚、无水乙醇进行清洗，离心洗去聚乙二醇、石油醚、醛类等有机物，重复三次。固体产物置于玻璃蒸发皿上，在电热鼓风干燥箱中，50 ℃烘干 4 h；烘干后的产物放置于玻璃研磨皿中研磨，取 80 目筛和 140 目筛，过筛，得到所需粒径范围的产物——磁性壳聚糖吸附剂（图 4.2）。

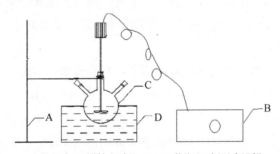

A.铁架台 B.搅拌电动机 C.三口烧瓶 D.恒温水浴锅

图 4.2 磁性壳聚糖制备装置

实验表征部分通过 SEM-EDS、XRD 以及磁滞回线（VSM）对实验材料以及实验结论进行表征与验证。

（1）扫描电镜（SEM）和能谱（EDS）分析

扫描电镜是材料表征研究中的一种常用的微观形貌分析手段，其原理是利用高能电子束扫描样品，激发反映出各种物理信息，通过仪器对信息的收集、放大和显示成像，最终获得样品表面形貌的观察结果。操作时，首先在样品台上贴上正方形导电胶，用药匙分别取少量样品置于 10 mL 小烧杯中，加入 1～2 mL 无水乙醇，将烧杯放置于超声波清洗机内，超声混合 30 min 后，使用胶头滴管吸取部分混合溶液，滴加至样品台的导电胶上，待乙醇挥发完全后，倾斜并轻击样品台，使样品均匀分散，然后用洗耳球吹去没有粘牢的样品，然后放置在 Q150RS-Quorum 型号的喷金仪器上进行喷金20 min，最后通过 Nova Nano SEM 450 型扫描电子显微镜摄取和观察反应材料的显微图像。能谱（EDS）是在使用扫描电子显微镜的过程中，对各种元素不同的 X 射线特征波长分析（每种元素的波长大小取决于能级跃迁过程中释放的特征能量 ΔE），通过点、线、面做分布分析来确定材料中含有哪些元素，以及各种元素的含量百分比。

图 4.3 是羟基磷灰石（HAP）和磁性羟基磷灰石（M-HAP）的扫描电镜谱图，HAP 的表面光滑，不存在细小颗粒的堆积，材料呈椭圆球状；M-HAP 的表面嵌有许多大小不一样的颗粒，颗粒略有堆积，整体依旧呈现椭圆球状。两种材料相对比，后者是在羟基磷灰石的表面不均匀的分布了一些磁核，以嵌入式的形式负载在羟基磷灰石上。

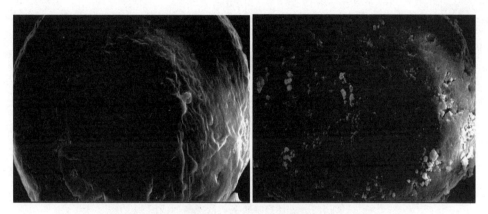

图 4.3　羟基磷灰石和磁性羟基磷灰石的 SEM 谱图

图 4.4 是两种材料的能谱谱图，从左边的谱图中可以看出，羟基磷灰石（$Ca_{10}(PO_4)_6(OH)_2$）含有 Ca、P、O 等元素；右图的 EDS 谱图对比显示增加了 Fe 元素。对比 SEM 和 EDS 谱图得出，磁核成功负载在了 HAP 基体表面上。

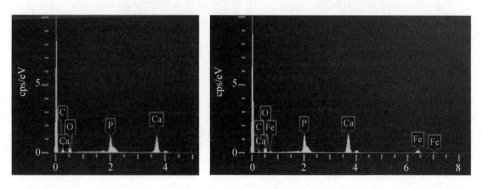

图 4.4　羟基磷灰石和磁性羟基磷灰石的 EDS 谱图

（2）磁滞回线（VSM）分析

采用美国 PPMS-9T 型磁滞回线分析仪，对磁性材料的磁性能进行分析。实验采用 PPMS-9T 型磁学测量系统在室温（300 K）条件下测试材料的磁滞回线，磁场强度变化范围为 ±2.0 T。

图 4.5 为实验室制备的磁性羟基磷灰石的磁滞回线图，谱图趋势呈现先迅速增大，后逐渐平缓，在磁场强度 ±2.0 T 的磁场范围内呈现奇函数趋势，符合强磁性物质的特征，磁性材料在外加磁场中被磁化时所能够达到的最大磁化强度时的磁场强度叫作饱和

磁化强度，曲线趋于平缓之后达到饱和磁化强度，M-HAP 的饱和磁化强度为 46.04 emu/g，具有非常好的磁性，能在磁场条件下与水迅速分离（图 4.6）。

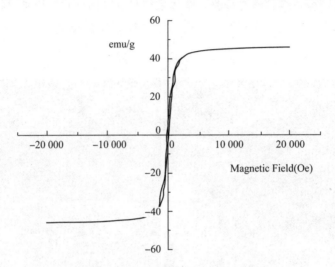

图 4.5　磁性羟基磷灰石的磁滞回线图

图 4.6　磁性羟基磷灰石的外磁场作用图

（3）X 射线衍射（XRD）分析

XRD 是通过对材料进行 X 射线衍射，分析其衍射谱图，来获得材料的成分、材料内部原子或分子结构、形态等信息的研究手段，通过衍射光束的角度和强度，可以产生一系列的数据，对数据进行分析，对比 XRD 标准卡片，可以得出材料的分子组成。

图 4.7 是磁性羟基磷灰石的 XRD 谱图，清晰地看出，M-HAP 在 2θ 角为 25.61°、32.70°、33.87°、42.12°出现衍射峰，对比 HAP 的标准谱图（JCPDS.54-0022），确定此物质中含有羟基磷灰石；在 2θ 角为 46.98°、49.01°、53.62°也出现衍射峰，和四氧化三铁的标准谱图（JCPDS.19-629）对比之后，确定材料中含有四氧化三铁。由此得

出，此材料中含有羟基磷灰石和四氧化三铁。

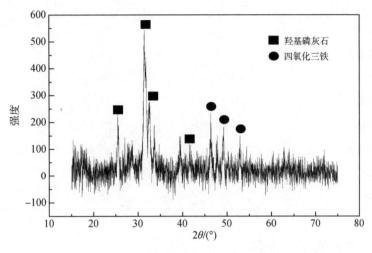

图 4.7　磁性羟基磷灰石的 XRD 谱图

4.2　磁吸附分离技术结合磁性羟基磷灰石处理含铀土壤研究

4.2.1　土样预处理

　　土壤预处理流程：将矿山取得的所有土样样品（1 号拦渣坝，2 号破碎场，3 号尾渣库，4 号工业场，5 号废石场，6 号污染农田）置于矩形托盘中，平铺后，使用堆锥法取样，取得部分土样过 9 目筛和 65 目筛（见表 4.3），其中 9 目筛以上为砂砾组分（树枝、大石块等），9 目～65 目为砂土组分（土壤大小处于 0.25～2 mm），65 目以下为黏土组分（土壤大小＜0.25 mm）。如图 4.8 所示。

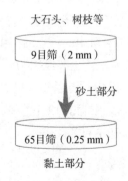

图 4.8　土壤样品分筛示意图

表 4.3　土壤样品三种组分质量百分含量

	砂砾＞9 目	65 目＞砂土＞9 目	黏土＞65 目
1 号拦渣坝	53.2%	34.2%	12.6%
2 号破碎场	48.6%	38.1%	13.3%
3 号尾渣库	61.9%	30.6%	7.5%
4 号工业场	58.1%	32.0%	9.9%
5 号废石场	65.3%	25.1%	9.6%
6 号污染农田	51.8%	34.7%	13.5%
7 号尾渣库	57.7%	35.1%	7.2%
8 号工业场	56.2%	34.6%	9.2%

4.2.2　磁吸附分离实验体系

磁吸附过程分为两步：一、磁活性材料与待处理土壤均匀混合；二、磁活性材料与待处理土壤分离。

（1）20 g 待处理土壤烧杯混合体系

称取 20 g 左右待处理土壤，加入 3 g 磁性羟基磷灰石和一定量的去离子水，搅拌特定时间。将磁块置于烧杯外侧壁，混匀泥浆，有磁部分就会被磁块吸在烧杯内壁，将无磁部分倒出收集，重复上述磁吸附分离操作三次，以实现有磁组分和无磁组分分离。磁吸附分离结束后，分别收集无磁部分和有磁部分，烘箱内烘干待测。

（2）200 g 待处理土壤磁选机分离体系

称取 200 g 左右待处理土壤，加入 30 g 磁性羟基磷灰石和一定量的自来水，搅拌特定时间。将上述混合液经过高梯度磁选机，分别收集无磁部分和有磁部分，烘箱内烘干待测。磁活性材料、土壤铀处理全流程回收率如图 4.9 所示。

图 4.9 表明，利用磁块模拟磁吸附分离过程，熟练操作后，有磁部分（磁活性材料）质量回收率在 100% 到 110% 范围，无磁部分（待处理土壤）质量回收率在 95% 到 100% 范围，铀元素总回收率在 92% 到 105% 范围。由磁部分的质量回收率高 100%，而无磁部分的质量回收率低于 100%，其主要原因为：利用磁块分离有磁和无磁组分缺少磁选机的洗涤环节，导致部分无磁物被有磁物包裹，进而被夹带进入有磁组分。磁夹杂导致的试验误差在 10% 之内。铀元素总回收率在 92% 到 105% 之间，本项目所用的土壤及磁活性材料铀含量测试方法基本可靠。

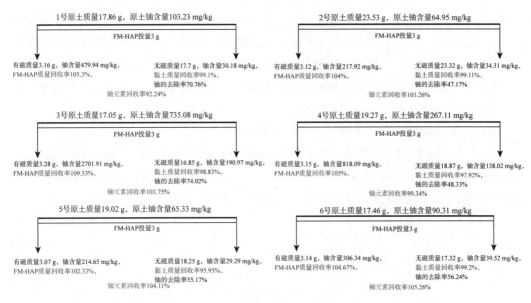

图 4.9　6 种土壤样品质量衡算和铀回收率

4.2.3　矿山土壤磁吸附分离烧杯实验

（1）几种磁性材料对某种矿山含铀土壤的搅拌实验

取 1 号拦渣坝黏土部分 30 g 放置在烧杯中，加入 70 mL 水，加入 5% 磁活性材料（黏土部分的 5%），室温条件下置于恒速搅拌器上反应 5 h，搅拌结束后，分离无磁组分和有磁组分，并测定无磁组分的铀含量。实验结果如图 4.10 所示。

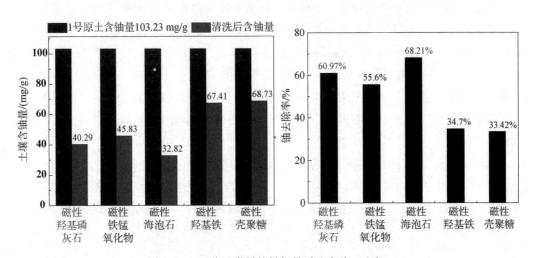

图 4.10　五种吸附剂的投加量对比实验（土相）

图 4.10 中，磁性羟基磷灰石、磁性铁锰氧化物、磁性海泡石三种材料对 1 号土清洗效率达到 55% 以上。磁性羟基磷灰石和磁性海泡石清洗后，土壤中铀残留值仅为 40.3 mg/g 和 32.8 mg/g。综合考虑液相吸附活性测试结果，本实验挑选磁性羟基磷灰石进行后续研究。磁性海泡石也是较好的磁吸附备选材料，但由于时间精力有限，考虑本实验的主要研究目的是建立土壤磁吸附研究流程，初步探索技术可行性，多种吸附剂的比选可在后续研究中逐步开展。

（2）材料投加量对 6 种土壤去除效果的影响

图 4.11 对比了 M-HAP 投加量对 6 种土壤的磁吸附效率，不同投加量的 M-HAP 与土壤样品机械搅拌 5 h，投加约 1.5 mL/100 mL 浓度 1 mol/L 的柠檬酸控制混合体系 pH 至 5.0 左右，其后分离 M-HAP 和土壤样品，并测定土壤中的铀残留量。

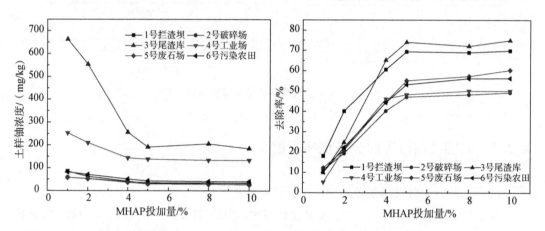

图 4.11　投加量的对比实验（M-HAP 投加量：M-HAP 相对土壤的质量百分比）

随着 M-HAP 投加量的增大，6 种土壤样品中铀的残留值变化规律类似，均为先减小后趋于不变。当 M-HAP 的投加量达到 5% 时，6 种土壤中的铀去除率均达到相对平衡值。3.1 中计算得到 M-HAP 对铀的工作吸附容量为 20～30 mg/g，当 M-HAP 投加量为 5% 时，上述吸附容量对应土壤中铀的去除量应在 1000～1500 mg/kg。图 4.11 表明增加 M-HAP 投量在一定范围内可以增加磁吸附效率，但理论上 M-HAP 的吸附容量并不是磁吸附过程的核心限制因素，这可能也是继续增加 M-HAP 无法进一步提高磁吸附效率的原因。

（3）时间对 6 种土壤去除效果的影响

M-HAP 投加量为 5%（同上，M-HAP 占实验土壤的质量比），控制其与土壤混合时间 1 h、5 h、12 h、24 h，在 pH=5.0 环境下机械搅拌，试验结果如图 4.12 所示。

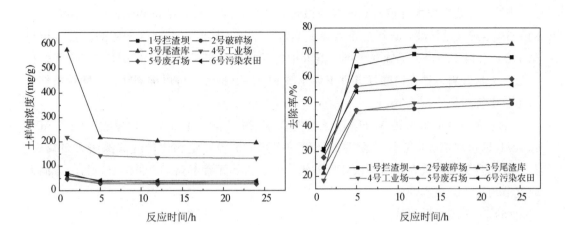

图 4.12　混合时间对磁吸附效率的影响

图 4.12 表明，6 种土壤含铀量在 0～5 h 的混合过程中快速下降，在 5 h 后趋于平衡。以 6 号农田土壤为例，与 M-HAP 混合 1 h 后，土壤中铀含量由 90.3 mg/kg 快速下降至 62.9 mg/kg，土壤中铀去除率为 30.3%。6 号农田土壤继续搅拌至 5 h 后，铀含量下降至 41.2 mg/kg，增加 24% 的铀去除率。

图 4.12 表明土壤中 U 的去除速率随搅拌时间逐渐下降，根据文献报道，M-HAP 对水中铀的吸附应在 40 min 左右达到大致的固液平衡，进而可以推断土壤中铀的清洗过程主要受铀在土壤中的迁移速率限制。由于 M-HAP 的存在，使液相中铀浓度持续维持在较低水平，搅拌时间延长可能有利于 U 从土壤向水相迁移。

（4）pH 对 6 种土壤去除效果的影响

M-HAP 投加量 5%，混合时间 5 h，利用稀柠檬酸调节混合体系 pH，其结果如图 4.13 所示。

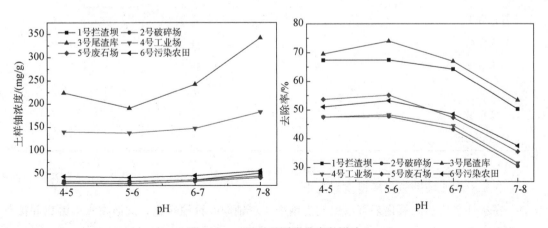

图 4.13　pH 对磁吸附效率的影响

图 4.13 表明弱酸环境有利于提高磁吸附效率，这与水相结论相似。调节混合体系的 pH<4 需大量耗酸，进而严重破坏土壤自身结构。同时，pH<4 的强酸环境可导致 M-HAP 溶损。理论上，铀在土壤及溶液中的存在形态与混合体系的 pH 密切相关。根据已有文献资料，铀在弱酸性条件下易于被 M-HAP 捕集，可以推测铀在弱酸性条件下易于从土壤中脱附。

在土壤固含量 30% 的 M-HAP/土壤混合体系中，加入 1 mol/L 柠檬酸 1~1.5 mL/100 mL 即可将混合体系调节至弱酸环境。上述酸的投加量相比传统酸洗法大幅减少，其一方面避免了土壤自身结构破坏，使钙、镁、铁等元素不至于大量溶出，另一方面大幅度节约了工艺成本。

（5）三个粒度搅拌洗土

砂砾、砂土与黏土部分磁吸附效率测试条件如下：取土壤样品浓度 30%，投加土壤样品质量 5% 的磁性羟基磷灰石，在 pH=5 的条件下，机械搅拌 5 h，磁块分离后测定土壤中铀的残留，结果如图 4.14 所示。

土壤不同组分含铀量由低到高均为砂砾<砂土<黏土，这与文献报道及常识一致。砂砾部分磁吸附去除率在 77%~94% 之间，该组分磁吸附之后铀含量小于 3 mg/kg。砂土部分的磁吸附效率较低，基本在 29%~49% 之间。2 号破碎场、3 号尾渣库和 5 号废石场的砂土部分磁吸附除铀后剩余含铀量高于黏土部分，推测与惰性铀矿石在土壤中的残留有关。黏土部分含铀量最高，磁吸附除铀效率在 47%~74% 之间。

根据表 4.4 中土壤砂砾、砂土和黏土部分的质量百分数可以计算得到磁吸附前后土壤整体含铀量，结果如表 4.4 所示。经磁吸附处理后，6 种土壤全粒级含铀量均低于 100 mg/kg，去除率在 41.6~64.4% 之间。

表 4.4　6 种土壤全组分磁吸附前后含铀量

	磁吸附前铀含量/（mg/kg）	磁吸附后铀含量/（mg/kg）	磁吸附效率/%
1 号拦渣坝	23.1	8.2	64.4
2 号破碎场	30.7	17.2	43.9
3 号尾渣库	195.6	83.2	57.5
4 号工业场	95.4	46.7	51.0
5 号废石场	22.1	11.9	46.1
6 号污染农田	30.6	17.9	41.6

（6）双氧水辅助氧化环境搅拌洗土

在酸性环境加入氧化剂可以促使土壤中 4 价铀向 6 价铀转化，进而在水中游离并被 M-HAP 捕集。本节考察了双氧水对磁吸附效率的影响。针对具有代表性的 4 号工业场地（工业土壤）和 6 号污染农田（生活土壤），在 pH=5.0，土壤浓度 30%，M-HAP 投量 5%，机械搅拌 5 h，得到图 4.15（砂土部分）和图 4.16（黏土部分）。

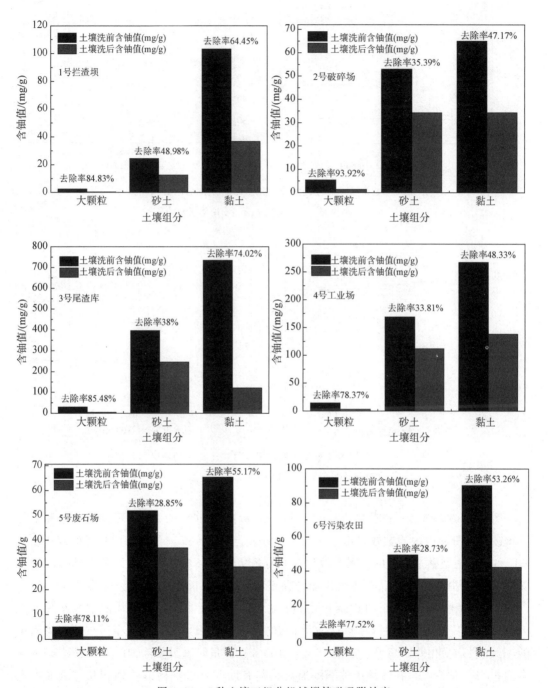

图 4.14 6 种土壤三组分机械搅拌磁吸附效率

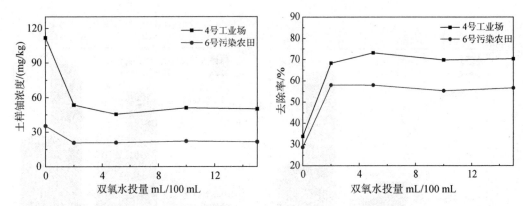

图 4.15　工业场地 4 号和污染农田 6 号砂土部分的磁吸附效率

（双氧水投量：mL/100 mL，浓度为 20％）

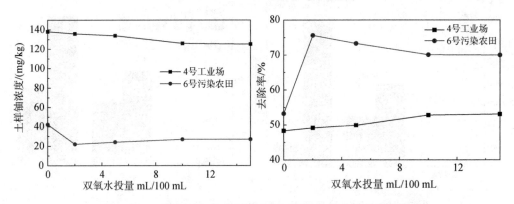

图 4.16　工业场地 4 号和污染农田 6 号黏土部分的磁吸附效率

（双氧水投量：mL/100 mL，浓度为 20％）

　　图 4.17 和图 4.18 表明投加 5 mL/100 mL 浓度为 20％的 H_2O_2 可以使 4 号和 6 号土壤砂土部分磁吸附除铀效率由 34％和 29％提高至 73％和 58％。相同投量的双氧水对 4 号和 6 号土壤黏土部分的磁吸附效率提升有较大差异，6 号污染农田黏土部分的铀去除率由 53％提高到 73％，而 4 号工业场黏土部分的铀去除率仅由 48％提高到 50％。

　　4 号、6 号土壤砂土部分以及 6 号土壤黏土部分磁吸附除铀效率均随双氧水加入而大幅提高，其增加的铀去除率可达 30％～40％。然而，4 号土壤黏土部分的磁吸附效率随 H_2O_2 投加变化并不显著，达到 15 mL/100 mL 投量时磁吸附除铀的效率仅从 48％提高到 53％。理论上，在酸性条件下添加氧化剂有助于 4 价铀向 6 价铀转化，进而实现其从固相向液相的迁移。溶液中的 6 价铀易被 M-HAP 快速捕集，进而在液相/土壤之间形成持续的低/高浓度梯度，在持续的充分混合过程中逐步实现土壤铀向 M-HAP 的迁移。H_2O_2 对于部分土壤组分的磁吸附是高效助剂，然而，对部分土壤组分效果有限。

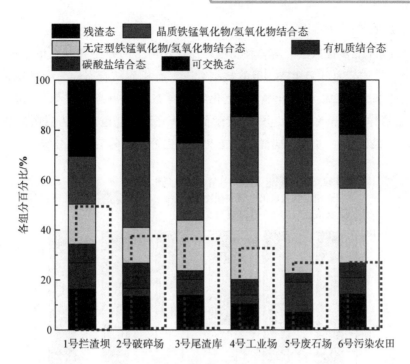

图 4.17 磁吸附前砂土部分铀存在形态

（红色虚线为磁吸附铀去除率 1 号：49%；2 号：35%；3 号：38%；4 号：34%；

5 号：29%；6 号：29%）

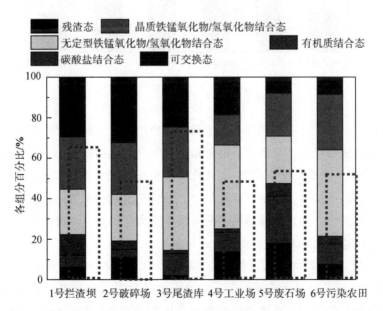

图 4.18 磁吸附前黏土部分铀存在形态

（红色虚线为磁吸附铀去除率 1 号：64%；2 号：47%；3 号：74%；4 号：48%；

5 号：55%；6 号：53%）

（7）分级（9 目、65 目）

参照 Tessier 五步提取法[7]对 6 种土壤样品清洗前后的砂土和黏土组分进行了铀存在形态分级，将铀分为可交换态、碳酸盐结合态、有机质结合态、无定型铁锰氧化物/氢氧化物结合态、晶质铁锰氧化物/氢氧化物结合态和残渣态。图 4.17 和图 4.18 为 1 号～6 号土壤样品砂土和黏土组分磁吸附前的铀分级，红色虚线为磁吸附铀去除率。图 4.19 和图 4.20 为 1～6 号土壤样品砂土和黏土组分磁吸附后的铀分级。

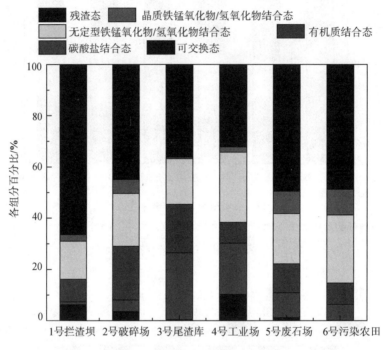

图 4.19　磁吸附后砂土部分铀存在形态

五步提取法可对铀在土壤中的存在形态提供参照信息。一般情况下可以认为土壤中铀的参与交换的活跃程度为可交换态＞碳酸盐结合态＞有机质结合态＞无定型铁锰氧化物/氢氧化物结合态＞晶质铁锰氧化物/氢氧化物结合态＞残渣态。6 种土壤砂土和黏土部分的可交换态、碳酸盐结合态及有机质结合态总量均未超过磁吸附除铀量。除了 1 号和 3 号土壤的黏土组分，其余样品的铀去除率均小于可交换态、碳酸盐结合态、有机质结合态和无定型铁锰氧化物/氢氧化物结合态的总量。

6 种土壤清洗后砂土与黏土部分的残渣态含量均大幅提高，由清洗前的 15％～30％提高到清洗后的 35％～60％，磁吸附后土壤中惰性铀含量大幅提高。磁吸附后土壤中的可交换态、碳酸盐结合态、有机质结合态和无定型铁锰氧化物/氢氧化物结合态仍有检出，但含量均有所下降。同时，由于土壤中总铀含量下降，非残渣态各对应形态铀质量均显著下降。磁吸附前后土壤中铀分级结果表明土壤经处理后惰性铀含量大幅提高，但仍有部分较活跃的铀未得到有效去除，后续研究可根据上述结果进一步改进磁吸附工艺。

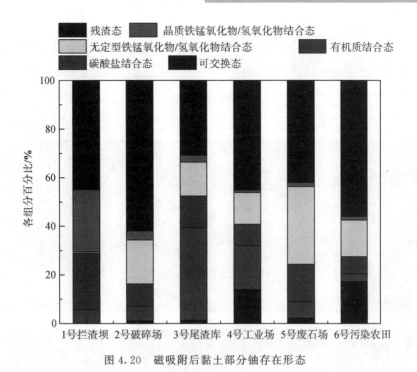

图 4.20 磁吸附后黏土部分铀存在形态

（8）SEM、EDS 对土壤洗前洗后对比分析

表征实验选取 6 种土壤磁吸附前后的砂土部分与黏土部分，进行扫描电镜（SEM）和能谱表征（EDS），目的：一、探究土壤磁吸附前后表观结构是否发生显著变化；二、利用能谱测定土壤磁吸附前后铀含量变化。

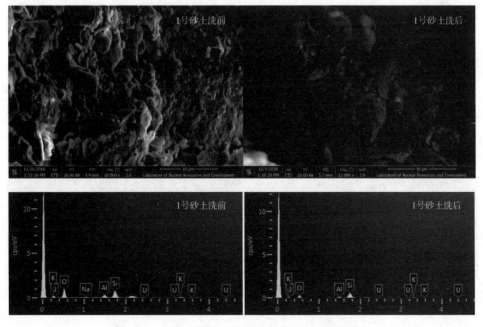

图 4.21 6 种土壤砂土及黏土组分 SEM/EDS 分析

Element	$\omega/\%$	Atomic/%
O	45.59	60.64
Na	2.23	2.06
Al	10.79	8.51
Si	32.75	24.81
K	7.04	3.83
U	1.60	0.14
Total:	100.00	100.00

Element	$\omega/\%$	Atomic/%
O	33.61	47.91
Al	8.08	6.83
Si	50.13	40.71
K	7.71	4.50
U	0.46	0.04
Total:	100.00	100.00

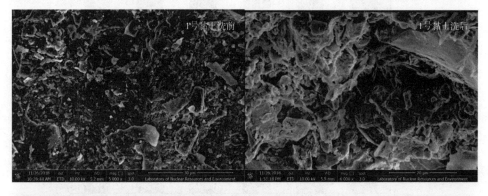

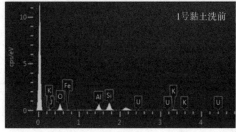
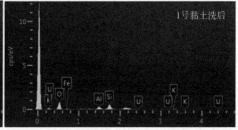

Element	$\omega/\%$	Atomic/%
O	29.53	45.61
Al	20.10	18.41
Si	30.24	26.61
K	7.63	4.82
Le	9.60	4.25
U	2.90	0.30
Total:	100.00	100.00

Element	$\omega/\%$	Atomic/%
O	41.19	59.27
Al	12.03	10.27
Si	26.35	21.60
K	4.40	2.59
Fe	14.98	6.17
U	1.05	0.10
Total:	100.00	100.00

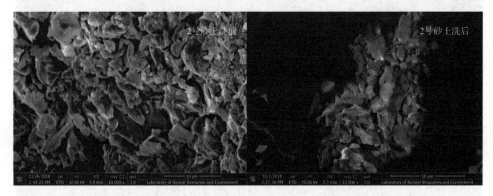

图 4.21 6 种土壤砂土及黏土组分 SEM/EDS 分析（续）

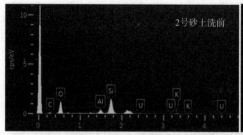 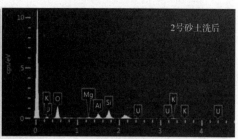

Element	$\omega/\%$	Atomic/%
O	28.95	44.06
Al	19.54	17.63
Si	32.05	27.79
K	16.38	10.20
U	3.08	0.32
Total:	100.00	100.00

Element	$\omega/\%$	Atomic/%
O	48.45	63.05
Mg	1.87	1.60
Al	14.10	10.88
Si	29.21	21.66
K	5.04	2.68
U	1.34	0.12
Total:	100.00	100.00

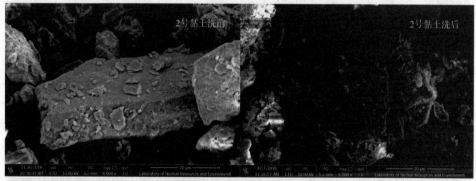

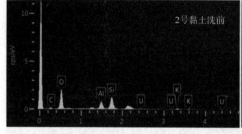 

Element	$\omega/\%$	Atomic/%
C	5.60	9.37
O	47.34	59.46
Al	13.25	9.87
Si	26.29	18.81
K	4.33	2.23
U	3.19	0.27
Total:	100.00	100.00

Element	$\omega/\%$	Atomic/%
O	37.52	55.50
Al	8.85	7.77
Si	28.83	24.29
K	11.59	7.02
Fe	12.71	5.38
U	0.50	0.05
Total:	100.00	100.00

图 4.21　6 种土壤砂土及黏土组分 SEM/EDS 分析（续）

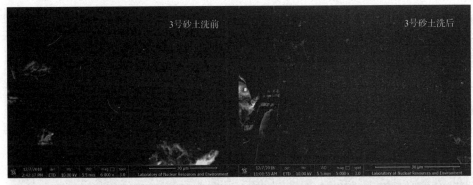

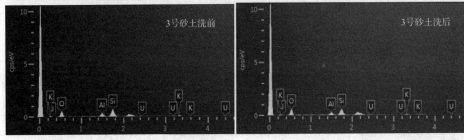

Element	ω/%	Atomic/%
O	35.40	51.92
Al	13.68	11.90
Si	37.62	31.43
K	6.86	4.12
U	6.44	0.63
Total:	100.00	100.00

Element	ω/%	Atomic/%
O	40.80	57.51
Al	12.03	10.05
Si	33.69	27.05
K	8.53	4.92
U	4.95	0.47
Total:	100.00	100.00

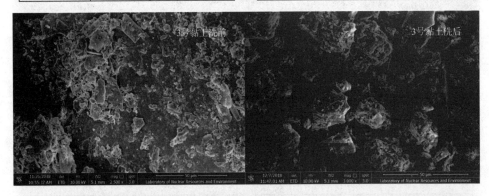

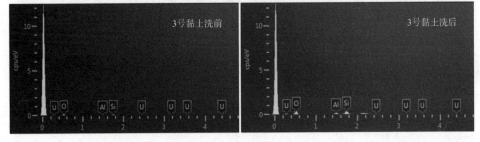

图 4.21　6 种土壤砂土及黏土组分 SEM/EDS 分析（续）

Element	ω/%	Atomic/%
O	52.36	68.91
Al	10.28	8.02
Si	29.88	22.40
U	7.49	0.66
Total:	100.00	100.00

Element	ω/%	Atomic/%
O	44.14	59.36
Al	11.77	9.39
Si	40.35	30.91
U	3.75	0.34
Total:	100.00	100.00

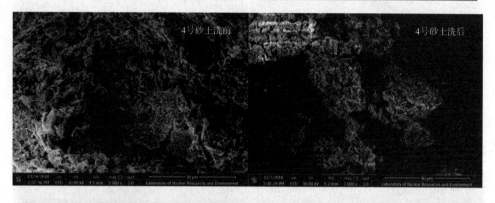

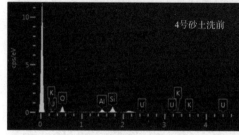

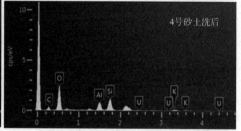

Element	ω/%	Atomic/%
O	40.59	56.84
Al	15.73	13.06
Si	32.61	26.02
K	6.34	3.63
U	4.73	0.45
Total:	100.00	100.00

Element	ω/%	Atomic/%
C	12.58	19.34
O	48.87	56.40
Al	12.36	8.46
Si	20.75	13.65
K	4.40	2.08
U	1.05	0.08
Total:	100.00	100.00

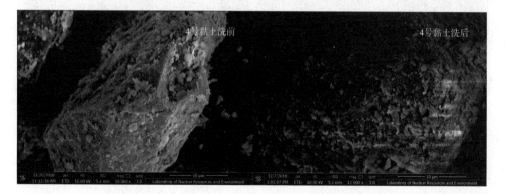

图 4.21　6 种土壤砂土及黏土组分 SEM/EDS 分析（续）

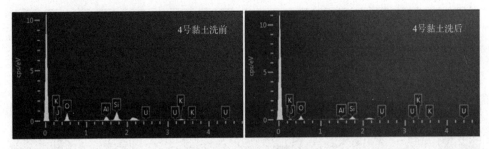

Element	ω/%	Atomic/%
O	36.73	53.37
Al	13.49	11.63
Si	33.95	28.11
K	10.78	6.41
U	5.05	0.49
Total:	100.00	100.00

Element	ω/%	Atomic/%
O	47.47	63.49
Al	8.50	6.74
Si	32.67	24.89
K	8.44	4.62
U	2.93	0.26
Total:	100.00	100.00

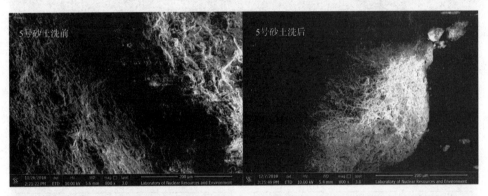

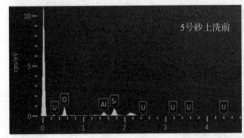

Element	ω/%	Atomic/%
O	47.06	61.25
Al	14.94	11.53
Si	36.55	27.10
U	1.45	0.13
Total:	100.00	100.00

Element	ω/%	Atomic/%
O	47.23	61.02
Al	4.85	3.71
Si	47.92	35.27
U	0.00	0.00
Total:	100.00	100.00

图 4.21 6 种土壤砂土及黏土组分 SEM/EDS 分析（续）

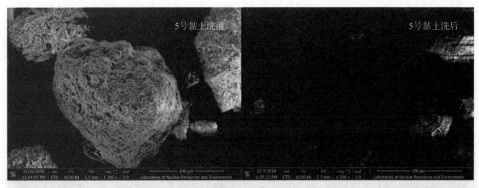

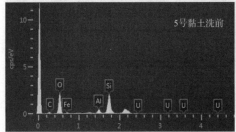 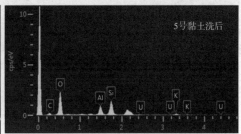

Element	ω/%	Atomic/%
C	5.65	9.85
O	42.24	55.28
Al	6.29	4.88
Si	36.56	27.25
Fe	6.70	2.51
U	2.56	0.22
Total:	100.00	100.00

Element	ω/%	Atomic/%
C	6.79	11.20
O	47.02	58.18
Al	13.17	9.66
Si	24.81	17.49
K	6.59	3.34
U	1.62	0.13
Total:	100.00	100.00

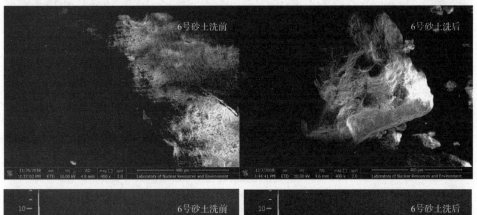

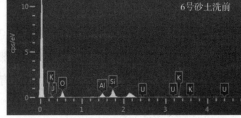 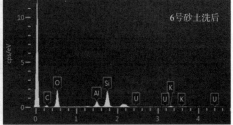

图 4.21　6 种土壤砂土及黏土组分 SEM/EDS 分析（续）

Element	$\omega/\%$	Atomic/%
O	36.08	51.59
Al	15.38	13.04
Si	35.65	29.03
K	10.42	6.10
U	2.47	0.24
Total:	100.00	100.00

Element	$\omega/\%$	Atomic/%
C	7.40	12.25
O	43.01	53.46
Al	9.57	7.06
Si	34.43	24.38
K	5.59	2.84
U	0.00	0.00
Total:	100.00	100.00

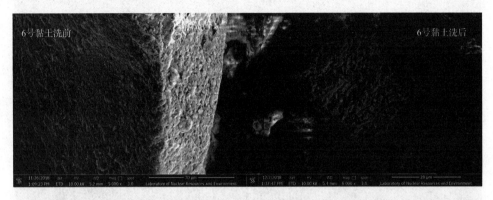

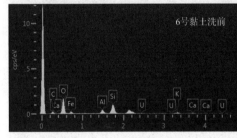
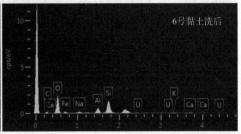

Element	$\omega/\%$	Atomic/%
C	6.46	12.49
O	35.58	51.67
Al	6.34	5.46
Si	19.33	16.00
K	5.67	3.37
Ca	2.60	1.51
Fe	22.47	9.35
U	1.54	0.15
Total:	100.00	100.00

Element	$\omega/\%$	Atomic/%
C	6.18	11.29
O	37.47	51.40
Na	1.91	1.83
Al	8.75	7.12
Si	24.49	19.13
K	2.65	1.49
Ca	2.95	1.61
Fe	15.60	6.13
U	0.00	0.00
Total:	100.00	100.00

图 4.21　6 种土壤砂土及黏土组分 SEM/EDS 分析

图 4.21 中 SEM 照片未见土壤表面物理结构在磁吸附前后有明显变化，也未观测到土壤粒径有明显下降。EDS 结果一方面表明 6 种土壤的黏土部分铀含量比砂土部分高，这与测试结果一致。6 种土壤的砂土和黏土组分经磁吸附后铀的质量和含量都有显著下降，该结论与前述磁吸附土壤中铀含量变化规律一致。

4.2.4 小结

（1）磁性羟基磷灰石 M-HAP 对不同土壤样品中铀的磁吸附效率为 60％左右，其磁性可实现高效固固分离，二次污染小，磁吸附分离技术对于土壤原有结构和性质未造成大幅度改变[6-7]。

（2）磁吸附分离实验的较优条件为机械搅拌 5 h，弱酸调节 pH＝5，M-HAP 投加量 5％（实验土壤样品的 5％）。

（3）1～6 号土壤样品全粒级含铀量均低于 100 mg/kg，磁吸附铀去除率在 41.6％～64.4％之间。

（4）氧化剂双氧水可以提高土壤的磁吸附效率，部分土壤样品中铀的磁吸附分离去除率可增加 30～40 个百分点。

（5）SEM/EDS 测试结果表明，1～6 号土壤磁吸附前后形态未发生明显变化，土壤铀含量在磁吸附后显著降低。

4.3 本章小结

本章通过静态实验的研究，讨论几种介质材料（磁性羟基磷灰石、磁性羟基铁、磁性海泡石、磁性铁锰氧化物、磁性壳聚糖）对水溶液中铀的去除效果，研究结果表明，相同条件下，在吸附剂投量较低的范围内，磁性羟基磷灰石对铀的去除效果相对好些，去除率达到 95％以上，反应平衡时吸附容量也比其他介质好，可以得出，磁性羟基磷灰石（M-HAP）可以作为去除铀的良好介质。经过研究，本章主要得出以下结论：

（1）通过共沉淀法制备出了磁性羟基磷灰石，采用 SEM、XRD、VSM 等表征手段对材料的结构、形貌以及磁化强度等进行分析，磁核颗粒较好的嵌入在羟基磷灰石表面，既不影响吸附活性，同时对材料实现成功载磁，为后续分离再生打下基础。

（2）当溶液条件为弱酸性（pH＝5～6）、投加量为 3.2 g/L、反应时间为 60 min、初始浓度为 5 mg/L 时，M-HAP 去除水中的铀溶液效果最佳，去除率达到 98.6％；吸附反应符合 Freundlich 吸附等温线模型；不同反应时间对铀的去除，符合准二级吸附速率模型。

（3）溶液中存在的一些竞争离子（例如镁离子、碳酸根离子、钙离子、硫酸根离子、钠离子等），碳酸根离子对反应的影响较大，在水溶液中，碳酸根会发生水解反应，导致溶液体系 pH 升高，水环境呈碱性，铀以不溶的 U_3O_8 和 $UO_2(OH)_2$ 的形式存在，很难被 M-HAP 吸附，对吸附反应起到抑制作用；而镁离子、钙离子、硫酸根离子普遍存在于环境中，只要浓度不超标，对吸附反应的影响不构成威胁；钠离子对此反应起到推波助澜的作用，使反应更快的到达吸附平衡。

（4）不同 Fe/P 条件下，材料中加入的磁核比例越高，在磁场中磁性越好，越容易被永磁体吸附，也更好地实现固液分离；不同的 Fe/P 并不影响吸附剂本身对铀的吸附能力。本章实验选取的是 Fe：P＝3：1 的 M-HAP。

（5）M-HAP 经过五次吸附脱附实验之后，吸附率保持在 70％左右，脱附率也保持在 50％之上，材料未见明显的溶损及脱落情况，吸附剂磁性良好，可以实现循环利用，既节约成本，又不造成二次污染。

（6）磁性羟基磷灰石 M-HAP 对北方某铀矿山土壤样品（1 号拦渣坝，2 号破碎场，3 号尾渣库，4 号工业场，5 号废石场，6 号污染农田）中铀的磁吸附效率均能达到60％左右，其磁性可实现高效固固分离，二次污染小，制备成本低，可循环利用。

（7）磁吸附分离的最佳条件为机械搅拌 5 h，弱酸调节 pH＝5，M-HAP 投加量 5％（实验土壤样品的 5％），对本文使用的矿山土壤中最高铀去除率可达到 74％，为以后土壤磁吸附分离技术的工业化打下了理论基础。

（8）北方某铀矿山 1～6 号土壤样品全粒级含铀量均低于 100 mg/kg，含铀量是黏土组分＞砂土组分＞砂砾组分，全粒级磁吸附铀去除率在 41.6％～64.4％之间。

（9）氧化剂双氧水可以提高土壤的磁吸附效率，这与理论一致，部分土壤样品中铀的磁吸附去除率可增加 30～40 个百分点，为以后进一步提高土壤磁吸附效率提供了依据。

（10）土壤样品清洗前后的 SEM/EDS 测试结果表明，1～6 号土壤（砂土、黏土）磁吸附前后形态未发生明显变化，土壤铀含量在磁吸附后显著降低，这与本文土壤磁吸附实验结果对照一致。

磁吸附分离技术应用于矿山土壤中铀的去除，可大幅度的降低铀浓度，减小铀危害，在此前提下，工艺过程中并不影响土壤的基本性质，对土壤结构和性质影响甚小，所以磁吸附分离技术是针对土壤重金属污染问题的一个不错选择。

参考文献：

[1] Li Yiran，Li Zhiyong，Xu Fengyu，et al. Superconducting magnetic separation of phosphate using freshly formed hydrous ferric oxide sols [J]. Environmental Technology. 2017，38（3）：377-384.

[2] Li Xiaoqin，Zhang Weixian. Sequestration of metal cations with zero-valent iron nanoparticles—A study with high resolution X-ray photoelectron spectroscopy (HR-XPS) [J]. J. Phys. Chem. C，2007，111：6939-6946.

[3] 吴敏杰. 安康地区高煤阶腐泥煤吸附特征研究 [D]. 中国地质大学（北京），2012.

[4] 莫道平. 含瓦斯煤流固耦合数学模型及其应用 [D]. 重庆大学，2014.

[5] Langmuir I. The adsorption of gases on plane surfaces of glass, mica and platinum.

［J］. J. Am. Chem. Soc，1918，143（9）：1361-1403.

［6］Stumm W. The Chemistry of the Solid-Water Interface ［R］. 1992.

［7］TESSIER A，CAMPBELL P G C，BISSON M，Sequential ex-traction procedure for the speciation of particulate trace metals ［J］. Analytical Chemistry，1979，51（7）：844-851.

第5章

铀污染土壤海泡石辅助化学修复研究

本章开展了海泡石对含铀土壤淋洗液中铀的吸附性能研究。本章的重点在于海泡石对于含铀土壤中铀的富集，利用盐酸，硫酸，柠檬酸对含铀土壤进行淋洗，并探讨了时间、温度、超声辅助情况下的淋洗效果，然后得到不同的淋洗液，加入海泡石进行吸附实验，最后通过对数据进行分析处理，得到海泡石对土壤中铀的富集倍数。

5.1 材料与方法

本章所用试剂如表 5.1 所示。本章所用设备如表 5.2 所示。

表 5.1 实验化学试剂列表

试剂名称	化学式	纯度	厂家
八氧化三铀	U_3O_8	分析纯	上海国药集团化学试剂有限公司
盐酸	HCl	分析纯	西陇化工股份有限公司
四水合硝酸钙	$Ca(NO_3)_2 \cdot 4H_2O$	分析纯	上海国药集团化学试剂有限公司
柠檬酸	$C_6H_8O_7$	分析纯	西陇化工股份有限公司
氯化钾	KCl	分析纯	上海国药集团化学试剂有限公司
高氯酸	$HClO_4$	分析纯	西陇化工股份有限公司
六水合硝酸镁	$Mg(NO_3)_2 \cdot 6H_2O$	分析纯	上海国药集团化学试剂有限公司
碳酸钠	Na_2CO_3	分析纯	上海国药集团化学试剂有限公司
氢氧化钠	$NaOH$	分析纯	上海国药集团化学试剂有限公司
硫酸	H_2SO_4	分析纯	西陇化工股份有限公司
氢氟酸	HF	分析纯	西陇化工股份有限公司
硝酸	HNO_3	分析纯	西陇化工股份有限公司
无水乙醇	C_2H_6O	分析纯	上海国药集团化学试剂有限公司

表 5.2 实验所用设备列表

仪器	型号	厂家
恒温振荡器	DP-1102	北京亚欧科技有限公司
台式高速离心机	TG18.5	上海卢湘有限公司
电子天平	MXX-5	苏州江东精密仪器有限公司
pH 计	BT586	深圳隆泰环保有限公司
去离子水机	Smart-Q30	上海和泰仪器有限公司
扫描电子显微镜	JSM-IT300	日本 AC 公司
ICP-OES	Agilent 5100	安捷伦科技有限公司
恒温干燥箱	DGF-4S 型	浙江力辰仪器科技有限公司
多晶 X 射线衍射仪	D8 advance 型	德国布鲁克公司
电热板	IDS-986A	艾迪塞微电脑控制智能加热台
恒温水浴锅	DF-101S	河南予华仪器有限公司
超声波清洗机	020S	德意生仪器有限公司
机械搅拌器	Y8-2B	常州普天仪器制造有限公司

实验所需材料：矩形托盘，锡纸，玻璃棒，烧杯，胶头滴管，聚四氟坩埚，电热板，离心管，比色管，$0.22~\mu m$ 滤膜，网格筛。

pH 测定：首先将 pH 计电极分别置于酸碱缓冲液中进行校准，待读数稳定后，点击确定。对溶液进行测量时，将电极放入待测溶液中，pH 计数值稳定后记数。测量完成后，存放在饱和 KCl 溶液中。

（1）铀浓度的检测

水样中的铀元素含量用 ICP-OES 进行测定。样品需要提前进行处理，首先将样品进行离心，结束后过 $0.22~\mu m$ 的水系滤膜，然后用稀硝酸对样品酸化后上机测试。首先要对 ICP-OES 进行设置，调整好各项参数后，选择手动进样，选择的两个铀元素的波长分别为 409.01 nm 和 385.96 nm。每次在样品测定前，需要用稀硝酸清洗进样系统。然后依次通过空白样、1 mg/L、5 mg/L、10 mg/L、20 mg/L、30 mg/L、50 mg/L 的标准溶液[1]，绘制铀的标准曲线，最后对样品进行测定。

（2）土壤中铀浓度的测定

1）取所需部分烘干土样，研磨后过 100 目网格筛，称取一定的土壤样品于聚四氟坩埚中。然后分别加入 2 mL 的氢氟酸，5 mL 的浓硝酸，3 mL 的高氯酸，加入完成摇匀坩埚后将盖上盖子，然后放到电热板上（280 ℃），让其在高温条件下消解 1 h，等样品分解完全后，将盖子打开，继续加热直到观察其蒸至白烟冒近[2]。然后在沿坩埚壁加入 1 mL 的硝酸，继续加热直到成为湿盐状，继续滴加 5 mL 的硝酸，1 mL 的氢氟酸，最终加热至溶液呈现清亮色的状态，关闭电热板，用去离子水将坩埚壁冲洗一周，待坩埚冷却至室温，然后倒入比色管中，用去离子水稀释至刻度线，摇晃均匀，取出样品待测。

2) 将消解后得到的样品，过 0.22 μm 的滤膜（此步骤是为了保证样品不会造成检测仪器的堵塞）过膜后的水样加入 10 mL 的离心管中，在向离心管中滴加 1～2 滴的稀硝酸进行酸化，然后等待测样。

3) 配制检测所需的铀标准浓度溶液于容量瓶中，在测样时需进行铀的标准曲线的确定，所以需要制备铀的标准浓度溶液。

4) 将 ICP-OES 仪器在室温条件下先预热 30 min，然后将之前配置的铀的标准浓度溶液依次通过仪器进行测样，观察标准曲线的相关系数，若相关系数在 0.999～1，可以对试验样品进行接下来的测试；如果相关系数小于 0.999，则需要对标准溶液重新配制。

5) 标准曲线确定后，将过膜且酸化后的样品运用 ICP-OES 检测，结果即为消解后的溶液铀浓度。

6) ICP-OES 中读取出的数值为消解后定容溶液中的铀浓度，需要换算出土壤样品中的铀浓度，方程表示如下：

$$C_0 = \frac{C_I \times 0.01}{M} \times 1000 \qquad (5.1)$$

式中：C_0 为土壤中初始铀浓度（mg/kg）；C_I 为 ICP 机测浓度（mg/L）；M 为消解称取土壤质量。

黏土岩是沉积岩的一种，由直径较小的黏土颗粒组成，大多数的黏土岩结构均为层状结构，所以具有较好的吸附性。黏土岩的重要组成部分是黏土矿物，黏土矿物的离子类型以及成分对黏土岩的化学性质具有重要影响。黏土岩具有非渗透性，可塑性强，吸附能力强而且其含有的有机质以及黄铁矿可以使整个体系处于弱还原环境，可以吸附放射性核素。本文购买了含量不同的三种海泡石，蒙脱石，凹凸棒石，沸石，膨润土（钠基）和膨润土（钙基）待用。

对以上提前准备好的黏土矿物进行铀吸附活性实验的比较，向 30 mg/L 的铀溶液中加入 1 g/L 的黏土矿物，调节溶液 pH=5，在室温环境下放入恒温搅拌器，调节搅拌器 300 r/min 反应 1 h，每隔 10 min 取样，将样品过 0.22 μm 滤头测定其铀浓度。结果如图 5.1 所示。

图 5.1 中，通过对这些黏土矿物的吸附实验可以表明，纯度为 40%～50% 的海泡石 3 对铀的吸附效果最佳，吸附容量可以达到 24.71 mg/g；相比之下沸石对铀的吸附效果最差。所以从图中可以得出黏土矿物对铀的吸附效果由高到低的排序为：纯度为 40%～50% 海泡石 3＞纯度为 20%～40% 海泡石 1＞膨润土（钙基）＞纯度为 10%～20% 海泡石 2＞膨润土（钠基）＞凹凸棒石＞蒙脱石＞沸石。6 种黏土矿物对铀的吸附容量如表 5.3 所示。纯度为 40%～50% 的海泡石对铀的吸附活性最高，效果最好，所以在接下来的水相静态实验中选择其为吸附剂。

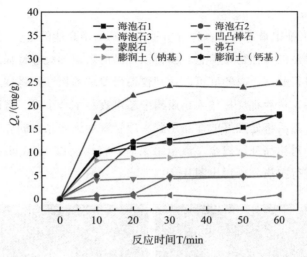

图 5.1 材料的筛选

表 5.3 6 种黏土矿物静态实验的吸附量（mg/g）

黏土矿物	投量 1 g/L
海泡石 1	12.38
海泡石 2	18.15
海泡石 3	24.71
膨润土（钙基）	17.77
膨润土（钠基）	8.92
蒙脱石	4.86
凹凸棒石	4.88
沸石	0.81

（1）海泡石化学成分分析

本节也对海泡石本身的化学组成成分进行了分析，得出了不同元素的占比，分析结果如表 5.4 所示。

表 5.4 海泡石化学成分分析

Composition	SiO_2	Fe_2O_3	MgO	Al_2O_3	CaO	K_2O	TiO_2	Na_2O	LOI（烧失量）
Content/%	67.98	1.31	19.82	2.73	0.58	0.18	0.16	0.57	6.67

从表 5.4 中可以得出本次实验所用海泡石中 SiO_2 与 MgO 的占比是最多的。多种元素的组成，使海泡石具有很好的空隙，也更加的有利于海泡石对于污染物的吸附，提高了其吸附性能，作为成本较低的天然矿物，也使得其更加受到关注。

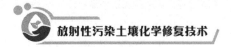

（2）SEM 表征

SEM 是材料表征中最常见的一种分析手段。其利用高能的电子束与样品不断接触，从而能够产生该样品的各种物理信息，获得该样品的表面形貌等特征。在进行扫描电镜之前需要对样品进行处理，以使其可以达到仪器所要求的标准，将样品放入到提前加好无水乙醇的烧杯中，然后将烧杯放入超声槽中超声震荡半个小时，将硅片按照自己的要求装到样品台上，然后将处理好的样品用胶头滴管滴加到样品台的硅片上，待无水乙醇挥发一段时间后，对样品进行镀金，镀金结束后，将样品放入 Nova Nano SEM 450 型扫描电子显微镜进行扫描分析得出图片。

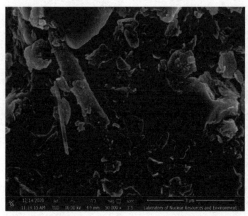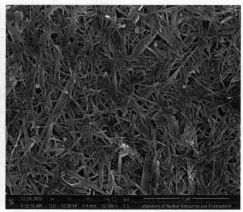

图 5.2　海泡石的 SEM 谱图

图 5.2 是海泡石的扫描电镜的图谱，从图中我们可以得出海泡石呈现出集合体状，而其单体则是呈现出的纤维状，所以能够得出海泡石的孔隙是比较发达的，而且也存在着大量的比表面积。故说明海泡石具有较好的吸附容量以及较高的吸附活性。

（3）EDS 表征分析

能谱（EDS）是在对材料进行扫描电镜的时候，由于材料中的每一种元素都具有其特别的 X 射线特征波长，所以我们就可以根据这些特征波长来确定材料中所含有的各种元素。如图 5.3 所示。

图 5.3　海泡石的 EDS 能谱图

海泡石的 EDS 能谱图中，从图中可以看出 Si 元素在海泡石中的占比是最大的，其中也存在着 Al、Fe、Mg、Na 等元素。

（4）XRD 物相分析表征

X 射线衍射（X-ray Diffraction）是分析矿物成分和物相晶体结构常用的表征手段。X 射线是原子内层电子在高速运动电子的冲击下跃迁而产生的光辐射，晶体所引起的相关散射会导致光的干涉作用，从而影响散射的 X 射线强度增强或减弱[3]。也可以对矿物进行结构性的分析。在进行测样时，需将样品进行充分的研磨得到样品粉末，将充分研磨后的样品均匀的倒入样品台的环形槽中，然后放入到 XRD 进行测样。扫描得到的晶体 XRD 图谱与标准图谱卡片进行图谱匹配，分析材料的成分。

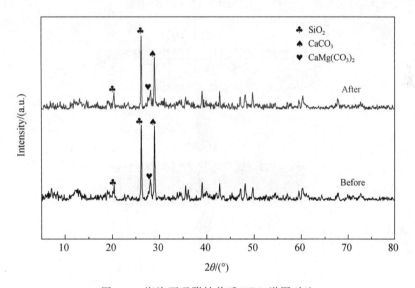

图 5.4　海泡石吸附铀前后 XRD 谱图对比

图 5.4 为海泡石吸附铀前后 XRD 谱图，从图中可以看出其具有两个比较明显的峰，其中当 2θ 为 27.1°、29.3°的时候为海泡石的衍射峰，其衍射峰是比较尖锐的，说明其具有高度的结晶性，经过一系列的定量分析后，能够说明海泡石的有效成分是比较高的。而吸附之后的图谱中能够发现海泡石的峰值有所下降，并出现较多的杂峰，可能是在吸附过程中有所消耗，但大体上没有变化，证明海泡石具有较强的稳定性。

5.2　海泡石辅助含铀土壤化学清洗及对铀富集研究

铀在土壤中的存在是要受到土壤本身的理化性质的决定，其在土壤中可能发生吸附、络合、氧化还原反应、水解等物理或化学的反应，改变铀的迁移方式以及形态特征。在土壤的淋洗过程中，铀的形态特征是淋洗的基础，所以了解铀在土壤中的赋存形

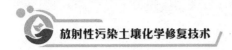
态可以为淋洗土壤以及修复的工艺提供数据方面的支持，而且还能在今后评价土壤中铀的迁移及稳定性。

5.2.1　土壤样品的预处理

在南方某铀矿山的污染土壤中进行采样，样品采集的深度均为 0～20 cm。土壤取回后将土壤样品中的大石块以及植物根系去除，运用湿筛法进行取样，将取得的土样分别过 9 目和 60 目的尼龙网筛（见图 5.5），得到 60 目以下为黏土组分，9 目～60 目为砂土组分，9 目以上则为砂砾组分，分别对应的粒径大小为小于 0.25 mm、0.25～2 mm 和大于 2 mm。土壤本身的各项性质如表 5.5 所示。

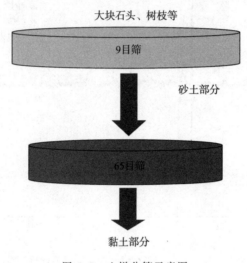

图 5.5　土样分筛示意图

表 5.5　土样三种组分质量百分比表　　　　　　　　　　　　　　　百分比/%

土样组分	砂砾（>2 mm）	砂土（0.25～2 mm）	黏土（<0.25 mm）
占比	46.59	38.93	14.48

由表 5.5 中可以看出，土壤中砂砾的占比为 46.59%，砂土的占比为 38.93%，黏土的占比为 14.48%，黏性部分在土壤粒径小于 2 mm 土壤中的占比为 27.11%，这部分土壤的黏性比较大，所以透水性比较差。而且在土壤淋洗的过程中，要求黏性部分在粒径小于 2 mm 土壤的比重要小于 30%，这样才有利于对土壤的淋洗，否则很难达到预想的效果，本次实验中土壤样品黏性部分的占比 27.11% 要小于 30%，所以该样品可以通过淋洗的方法进行修复。

5.2.2　铀在土壤中的形态

为了更加明确土壤本身的各项性质，所以将取回的土壤根据 Tessier 五步提取法对土壤中的铀进行了形态分级，这种方法可以将铀分为残渣态、有机结合态、铁锰氧化物络合态、碳酸盐结合态、可交换态五种形态。结果如图 5.6 所示，从图中可以得出在不同的污染土壤中可交换态、残渣态、碳酸盐结合态的占比都比较大，不同的土壤铀的形态也存在着很大的差别。

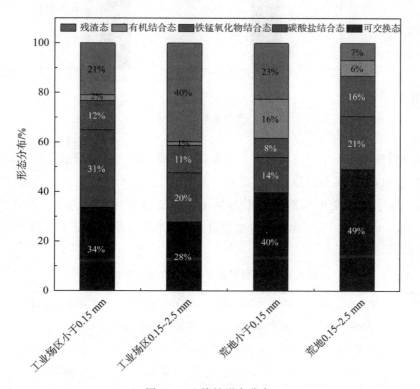

图 5.6　土壤铀形态分布

BCR 提取法可以将土壤中的放射性核素或者金属核素分为四种形体，分别为弱酸可提取态、可还原态、可氧化态以及残渣态（见图 5.7）。在这四种形态中残渣态大部分负载于土壤矿物组分的晶格内，很难释放出来，所以也叫作惰性态；弱酸可提取态则可以被微生物与植物利用；可还原态与可氧化态是随着外界环境的变化而发生改变，植物与微生物可以直接吸收它们所转化的活性态，所以也被称之为半活性态。本文也利用 BCR 提取法对不同粒径的土壤中的铀进行了各形态的提取，设置平行对照组进行实验，需要控制铀的回收率在 90% 以上，将误差范围降低到最小，否则的话重新进行实验，得到相应的数据。

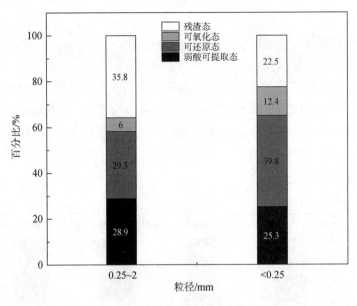

图 5.7　土壤各粒径铀形态分布

在土壤淋洗的过程中，可还原态、可氧化态以及弱酸可提取态这三种形态是可以淋洗出来的，所以可以利用还原剂、氧化剂、弱酸对土壤进行淋洗；残渣态则较为困难被淋洗出来。从表 5.6 中可以看出砂土与黏土中残渣态的含量较为接近，分别为 34.2 mg/kg、33.9 mg/kg。可氧化态的含量相对于其他态都较低，可还原态的含量则较高。

表 5.6　不同粒径的土壤中铀形态分布情况

粒径/ mm	残渣态含量/ (mg/kg)	可氧化态含量/ (mg/kg)	弱酸可提取态含量/ (mg/kg)	可还原态含量/ (mg/kg)	铀含量/ (mg/kg)
0.25～2	34.2	5.63	27.56	27.98	95.37
<0.25	33.9	18.54	37.98	59.68	150.1

5.2.3　土壤的粒径与铀含量的关系

土壤不同粒级中的铀含量的差异性是比较明显的，所以分析不同粒级土壤中的铀含量，对后续土壤的淋洗具有重要的意义。将土壤通过不同的筛网进行筛分后，可以分成黏土（<0.25 mm），砂土（0.25～2 mm），砂砾（>2 mm）三部分，这里的砂砾是狭义上的土壤，其经过风化等作用转化为了现在广义上的土壤；砂土则是粒状的形态，其间隔较大，所以透水性较强；黏土则颗粒较小，间隔较小，表面积大，渗透性极差。分别取三种土壤少量，运用混合酸进行多次消解，然后测定其铀含量，最终取平均值得到每个粒径土壤中铀的含量。

表 5.7　不同粒径土壤中的铀含量表

粒径范围/mm	质量占比/%	铀含量/（mg/kg）
>2	46.59	19.46
0.25～2	38.93	95.37
<0.25	14.48	150.1

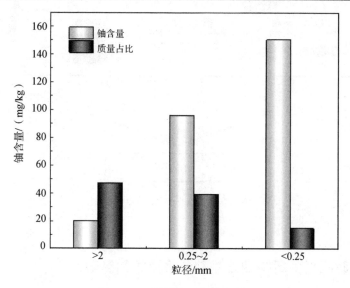

图 5.8　土壤铀含量与粒径关系

从表 5.7 的结果可以看出，不同的粒径土壤中的铀含量差异性较大，含铀量最低的是大于 2 mm 的砾石部分，为 19.46 mg/kg；含量最高的是小于 0.25 mm 的黏土部分，为 150.1 mg/kg，是前者的 7 倍多。由图 5.8 可以得出：土壤的粒径越大，土壤中的铀含量则越少，因为粒径越大，土壤的表面会比较光滑，所以可以吸附的铀越少，吸附能力就越弱；然而当粒径越小的时候，它的比表面积就会越大，其与铀的接触就会更加的充分，所以吸附铀的能力就越强。从结果可以得出，土壤中的砾石部分铀含量没有超出铀污染土壤修复目标值，而其他两个粒径的土壤均超出了铀污染土壤修复目标值 40 mg/kg。所以黏土部分的土壤淋洗修复是极其重要的。

5.2.4　海泡石对土壤淋洗液的富集吸附研究

淋洗液中淋洗出来的铀如果不加以处理，依旧会对环境产生破坏，如果淋洗液不加以处理随意排放，那么依旧会对地下水以及排放地点土壤环境继续造成伤害，所以对淋洗液中铀的回收富集也是一项迫在眉睫的项目。本次实验则利用海泡石对铀的吸附性能，将淋洗液中的铀富集到海泡石中，可以减少其排放造成的二次污染，而且海泡石的成本较低，可以富集大量的铀。本此实验通过探讨研究了在多种因素影响的下，一是对土壤中铀的淋洗效果的研究，二是海泡石对土壤中铀的富集的研究。实验流程如图 5.9 所示。

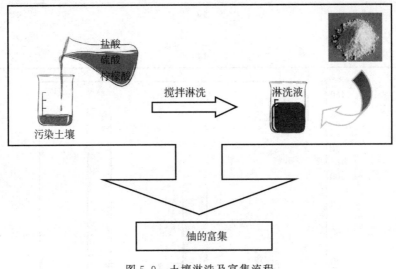

图 5.9　土壤淋洗及富集流程

5.2.5　淋洗时间对土壤中铀去除并最终富集的影响

将黏土取样进行淋洗效果与富集的研究，本次实验通过用柠檬酸、盐酸、硫酸对土样先进行淋洗研究，通过分析观察三种不同淋洗剂对土壤样品的淋洗效果，通过分析数据得到每个时间段海泡石对铀的富集倍数。取黏土 20 g 于烧杯中，分别加入 200 mL 的柠檬酸、盐酸、硫酸进行淋洗，并且设置不同的时间段，以便于后续的海泡石对淋洗液进行的吸附实验，对比在不同淋洗时间段下海泡石对铀的富集效果。保证温度不变的情况下，将装有样品的烧杯放置在机械搅拌器下进行淋洗，调节转速为 350 r/min，搅拌淋洗结束后将溶液装入离心管中，对离心管进行离心处理，调节离心机转速为 4000 r/min 离心 5 min，取所得上清液过 0.22 μm 水系滤膜过滤后，进行铀浓度的测定。

铀污染土壤的淋洗是一个动力平衡的过程，在这个过程中吸附与解析在一定的时间内会达到一个动态平衡的状态，所以时间对于淋洗的效果也会是一个重要的指标，如果淋洗的时间过短，淋洗不会达到平衡的状态，淋洗的效果也就不会理想，进而达不到一个修复的目标；如果淋洗的时间过长，则会在成本方面产生更多的消耗。所以选择合适的淋洗时间，既可以提高淋洗的效果又可以节约淋洗的成本，缩短修复的时间。

如图 5.10 可以得出，随着搅拌淋洗时间的延长，三种酸对土壤中铀的去除率在不断地增加，但是去除率的增速则是不断地降低。在前两个小时的淋洗过程中，土壤中铀的去除率在快速的增加，淋洗速率较快；在 2～8 h 的淋洗过程中，铀的淋洗速率在不断地减小，铀去除率的增速在逐渐变缓；8～12 h 的淋洗过程中，土壤中铀的去除率则相较于之前没有明显的变化，最终慢慢地达到稳定的状态。

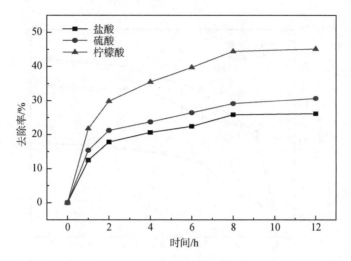

图 5.10 土壤铀的去除率与反应时间的关系

淋洗的前期，铀的去除速率快速的增加，这有可能是因为土壤中的可还原态与弱酸可提取态被快速的解吸出来；在随着时间的不断增加，土壤中的残渣态则也被淋洗出来，所以去除速率慢慢降低，逐渐的达到了平衡的状态。所以土壤的淋洗过程可以分为快速淋洗阶段，缓慢淋洗阶段，平衡稳定的阶段。从而本实验选择的合视淋洗时间为 8 h，沙峰[19] 等在放射性污染土壤的清洗去污中，对淋洗时间的研究结果表明，淋洗时间在 8 h 时达到了最佳的淋洗效果。

向三种不同的淋洗液中加入投量为 1 g/L 的海泡石，然后在不同的时间段内取样，对样品进行处理后测试，通过对测试数据的分析整理，观察反应时间对铀的富集效果的影响。

通过将海泡石加入每个时间段淋洗完成后的淋洗液中进行富集实验，从图中可以看出，随着淋洗时间的增加，海泡石对土壤中铀的富集倍数也在不断地增加；相对于三种淋洗剂来说，在每个阶段硫酸淋洗的铀的富集效果均好于其他两种淋洗剂，而且柠檬酸淋洗的铀的富集效果明显是较差的。这有可能是因为在淋洗的前期，被淋洗出来的铀的量是比较少的，所以富集倍数是较低的，但随着时间的增加，淋洗液中的铀数量逐渐增加，可以与海泡石进行充分的吸附反应，使得富集倍数不断地增加。

5.2.6 淋洗剂及酸度对土壤铀去除并最终富集的影响

通过运用盐酸、硫酸、柠檬酸对污染的含铀土壤进行淋洗，研究这三种淋洗剂对土壤的淋洗效果以及后续向淋洗液中加入海泡石进行富集实验，研究不同的淋洗剂淋洗出的铀对海泡石富集的效果。由于在强酸的条件下淋洗土壤会对土壤本身造成二次的伤害，破坏土壤的结构，所以本次实验选择控制 pH＝4、pH＝5 两个条件下进行淋洗，并且比较不同的酸度条件下不同淋洗剂对土壤淋洗效果的情况以及海泡石的富集情况（见图 5.11）。

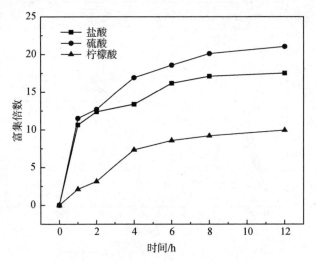

图 5.11　反应时间与富集倍数的关系

（1）酸度 pH＝4 时对去除及富集的影响

取黏土部分的铀污染土壤进行实验，分别取 20 g 土样加入三个烧杯中，然后分别向三个烧杯中加入 200 mL 的盐酸、硫酸、柠檬酸，然后调节溶液的 pH＝4，将三个烧杯分别放在恒速搅拌器下进行土壤的搅拌淋洗，淋洗时间为 8 h，然后分别将溶液倒入离心杯中，将离心杯放入离心机，调节离心机 4000 r/min 离心 5 min，收集淋洗液保存以备后续实验所需，并取少量的淋洗液通过 0.45 μm 水系滤膜过滤后，进行铀浓度的测定，相同的方法重复实验三轮，对土壤进行三轮的淋洗，得到三种淋洗剂对铀的淋洗效果。见图 5.12。

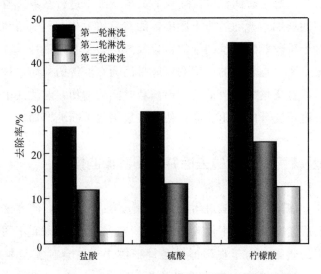

图 5.12　pH＝4 时淋洗剂对土壤中铀的去除率的关系

如图 5.12 所示，可以从图中得出盐酸、硫酸、柠檬酸三种淋洗剂均在第一轮的淋洗过程中对土壤中的铀去除率达到了最好，分别为 25.8％、29.1％、44.3％；三轮淋洗结束后盐酸的总去除率为 40.12％；硫酸的总去除率为 47.26％；柠檬酸的总去除率为 79.34％。随着搅拌淋洗次数的增加，每轮对土壤中铀的去除率逐渐地减少，但是总的去除率在增加，这是因为在不断地淋洗过程中，刚开始土壤中铀的可还原态与弱酸可提取态较丰富，被不断地被解析出来，越往后，当可还原态与弱酸可提取态解析完成后，土壤中铀则剩余残渣态，不易被解析出来，所以铀的去除率在不断地下降；综上，三种淋洗剂在 pH＝4 的情况下对铀的淋洗效果由大到小排序即柠檬酸＞硫酸＞盐酸，这是因为柠檬酸为有机酸，其对土壤的淋洗过程中还存在着一个络合反应，所以其对土壤淋洗的效果较为明显，相较于无机酸，有机酸的效果会更加的明显。

如图 5.13 以及表 5.8 中所示，从图中我们可以得出，经过三轮的吸附实验，可以明显地看出海泡石对于用硫酸淋洗出来的铀的吸附效果最好，其次是用盐酸淋洗出来的铀，而用柠檬酸淋洗出来的铀则不易被海泡石吸附。在淋洗液 pH＝4 的条件下，海泡石对于用硫酸淋洗出来土壤铀的富集倍数可以达到 14.72 倍，而对于盐酸淋洗出来土壤铀的富集倍数达到了 12.12 倍，效果不是太明显的是对于用柠檬酸淋洗出来土壤铀的富集倍数则为 2.73 倍。这可能是由于盐酸与硫酸为无机酸，淋洗的过程比较单一，溶液中的铀在吸附反应时可以充分地与海泡石中的吸附位点进行结合，使其快速的吸附到海泡石中以达到富集，而柠檬酸则为有机酸，其对土壤中的铀的淋洗存在着络合反应，当海泡石加入淋洗液中，就会导致海泡石的部分吸附位点及吸附通道可能被堵塞，这样只有少部分的铀会被海泡石吸附，所以海泡石对于柠檬酸的淋洗液中的铀的富集倍数就会明显的降低。所以，在海泡石富集铀的这一过程中，对于用无机酸淋洗的淋洗液更加的容易除去溶液中的铀，虽然有机酸的淋洗效率要明显地高于无机酸，但在处理淋洗液的时候，海泡石对于铀的富集也会明显地降低。

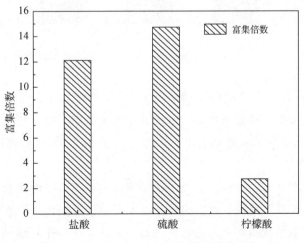

图 5.13　pH＝4 海泡石对土壤中铀的富集

表 5.8　pH＝4 铀的迁移过程

淋洗剂	土壤铀总含量/（mg/kg）	土壤铀剩余含量/（mg/kg）	淋洗液中铀含量/（mg/L）	海泡石中铀含量/（mg/g）	铀回收率/%
盐酸	150.1	89.87	1.98	1.82	91.9
硫酸	150.1	79.16	2.33	2.21	94.8
柠檬酸	150.1	31.01	3.92	0.41	10.5

（2）酸度 pH＝5 时对去除及富集的影响

在相同的条件下，分别取 20 g 土样加入三个烧杯中，然后分别向三个烧杯中加入 200 mL 的盐酸、硫酸、柠檬酸，然后调节溶液的 pH＝5，将三个烧杯分别放在恒速搅拌器下进行土壤的搅拌淋洗，淋洗时间为 8 h，调节离心机 4000 r/min 然后分别将溶液倒入离心杯中，将离心杯放入离心机，离心 5 min，收集淋洗液，经过三轮的淋洗实验，得到三种淋洗剂对土壤中铀的淋洗效果的对比，如图 5.14 所示。

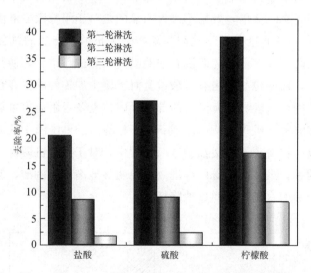

图 5.14　pH＝5 时淋洗剂对土壤中铀的去除率的关系

如图 5.14 可以得出，在 pH＝5 的情况下，第一轮的淋洗效果与 pH＝4 的情况下是一致的，三种淋洗剂均达到了最大的淋洗效果即去除率最高，而三轮淋洗结束后盐酸的总去除率达到了 30.76%；硫酸的总去除率达到了 38.26%；柠檬酸的总去除率达到了 64.21%。

向三种不同的淋洗液中加入投量为 1 g/L 的海泡石进行吸附实验，控制反应时间为 50 min，反应结束后对样品进行处理测样，得到相应的数据，通过数据的分析得到海泡石对土壤中铀的富集倍数，以及铀的迁移过程。如表 5.9、图 5.15 所示。

表 5.9　pH＝5 铀的迁移过程

淋洗剂	土壤铀总含量/（mg/kg）	土壤铀剩余含量/（mg/kg）	淋洗液中铀含量/（mg/L）	海泡石中铀含量/（mg/g）	铀回收率/%
盐酸	150.1	103.82	1.49	1.26	84.5
硫酸	150.1	92.67	2.01	1.87	93.1
柠檬酸	150.1	53.72	3.11	0.29	9.3

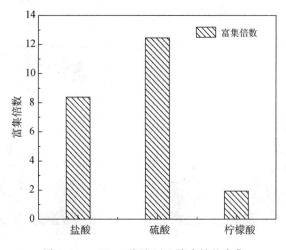

图 5.15　pH＝5 海泡石土壤中铀的富集

从图 5.15 中可以得出，在 pH＝5 的条件下，依然是用硫酸淋洗出的铀更容易被海泡石吸附，其次是盐酸淋洗出的铀，最后是柠檬酸淋洗出的铀。海泡石对硫酸淋洗出来土壤中铀的富集倍数为 12.45 倍；对盐酸淋洗出来土壤中铀的富集倍数为 8.39 倍；对柠檬酸淋洗出来土壤中铀的富集倍数为 1.93 倍。相较于 pH＝4 的富集倍数，在 pH＝5 的情况下还是较差一点的，这可能是因为当酸度较低时，土壤中的铀除了弱酸可提取态与可还原态被淋洗出来外，也会有部分的残渣态被淋洗出来，导致淋洗液中的铀会多一些，所以当海泡石加入淋洗液后，淋洗液中的铀会被海泡石吸附得更加的充分，即富集倍数就会更加的大。

综上可以得出，在不同的 pH 下，三种淋洗剂对土壤的淋洗效果也存在着较为明显的差异，而且第一轮的淋洗效果相较于后两轮的效果较为明显，三种淋洗剂均在第一轮淋洗中达到最好的淋洗效果。通过淋洗结果可知，对土壤中铀的淋洗去除效果由高到低排序为柠檬酸＞硫酸＞盐酸，且在 pH＝4 的情况下淋洗的整体效果要高于 pH＝5 的情况，这是因为酸度较高时，土壤中铀的残渣态部分会随着淋洗轮次及时间的增加被解吸出来，提高淋洗的效率。

在海泡石对铀的富集实验中，通过对数据的分析，得出了铀在海泡石中的富集倍数，从图中可以得出在两种酸度的淋洗液中，海泡石对于用硫酸淋洗出来的铀具有较高的富集，而对于柠檬酸淋洗出来的铀则效果不是特别的明显。

（3）温度对土壤中铀去除并最终富集的影响

将土样过筛选择后，分别取 20 g 土样加入烧杯中，然后分别向烧杯中加入 200 mL 的柠檬酸、盐酸、硫酸，然后分别调节溶液的 pH＝4，pH＝5，将调节好的烧杯分别在温度为 25 ℃ 和 50 ℃ 下对土壤进行三轮的搅拌淋洗实验，然后通过实验后对溶液进行离心处理，分别得到每轮实验的淋洗液，继续按照之前的方法进行取样，测量每轮淋洗液中的铀的浓度，然后得到测量结果，通过对比判断出不同的温度下三种淋洗剂对于土壤中铀的淋洗去除效果。

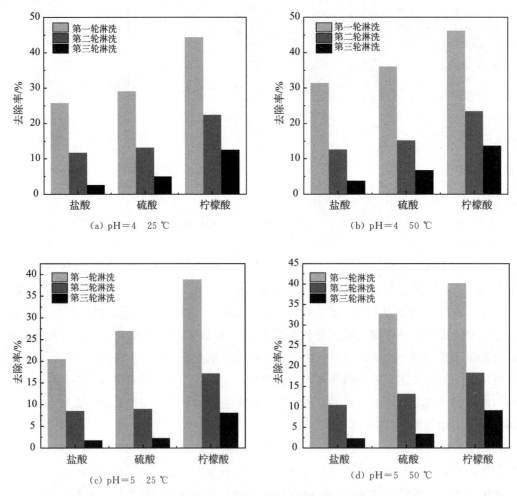

图 5.16 淋洗温度对土壤中铀的去除率的影响

如图 5.16 所示，可以得出随着温度的升高，每一轮的淋洗过程中，土壤中铀的去除率都有所上升，也使得三轮淋洗过后总的去除率都有了较为明显的上升。温度升高，淋洗过程中的淋洗速率也增加，这使得土壤中铀的解吸速率加快，使得其更快的释放得以去除；温度升高，也使得土壤中的铀于淋洗剂中的离子之间的接触加剧，接触的机会也随之变得更多，则铀的解吸也就变得更多。从图中可以得出，升高温度后，经过三轮的淋洗，在 pH＝4 的情况下，盐酸的总去除率达到了 47.84％；硫酸的总去除率达到了 58.14％；柠檬酸的去除率达到了 83.39％；在 pH＝5 的情况下，盐酸的总去除率为 37.64％；硫酸的为 49.45％；柠檬酸的为 67.82％，相较于升高温度之前，三种淋洗剂在 pH＝4 与 pH＝5 的情况下均有 5％～15％的提升，这说明温度的升高，对于淋洗土壤具有促进的作用，可以将污染后的土壤清洗得更加干净，这也对后面研究污染土壤的修复提供了理论上的帮助。

向三种不同的淋洗液中加入投量为 1 g/L 的海泡石，控制反应时间为 50 min，温度设置为 50 ℃进行吸附实验，反应结束后对样品进行处理测样，得到相应的数据，通过数据的分析得到海泡石对土壤中铀的富集倍数以及铀的迁移过程。

表 5.10 pH＝4 及 50 ℃时铀的迁移过程

淋洗剂	土壤铀总含量/（mg/kg）	土壤铀剩余含量/（mg/kg）	淋洗液中铀含量/（mg/L）	海泡石中铀含量/（mg/g）	铀回收率/％
盐酸	150.1	78.29	2.39	1.96	81.8
硫酸	150.1	62.83	2.91	2.67	91.7
柠檬酸	150.1	24.93	4.17	0.96	23.1

表 5.11 pH＝5 及 50 ℃时铀的迁移过程

淋洗剂	土壤铀总含量/（mg/kg）	土壤铀剩余含量/（mg/kg）	淋洗液中铀含量/（mg/L）	海泡石中铀含量/（mg/g）	铀回收率/％
盐酸	150.1	93.59	2.08	1.66	79.8
硫酸	150.1	75.87	2.27	2.04	89.8
柠檬酸	150.1	48.23	3.39	0.33	9.8

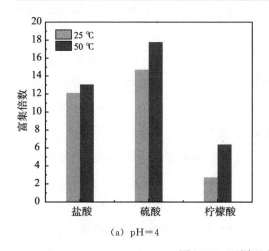

（a）pH＝4

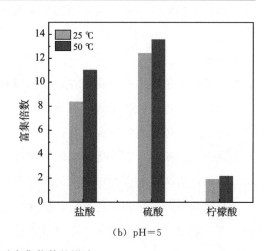

（b）pH＝5

图 5.17 不同温度对富集倍数的影响

从图 5.17 与表 5.10、表 5.11 中我们可以得出，在 pH＝4，温度为 50 ℃时，海泡石对硫酸淋洗的土壤中铀的富集倍数达到了 17.78 倍，接近于 20 倍，对盐酸淋洗的土壤中铀的富集倍数为 13.05，而对于柠檬酸淋洗的土壤中铀的富集倍数仅为 6.39。所以当温度升高时，海泡石对三种淋洗液中铀的富集都有了较为明显的升高，而且在不同酸度下，依旧对硫酸的淋洗液的富集倍数最为明显，对柠檬酸淋洗液中铀的富集倍数较低。这有可能是因为当温度升高时，海泡石内部空隙中的水分将会被释放出来，增加了海泡石的内表面积，从而使得铀离子可以依附在海泡石的活性位点上，从而被吸附；但在柠檬酸淋洗液可能会因为柠檬酸为有机酸的缘故，其中会发生络合反应，将海泡石的空隙堵塞，从而不能将铀吸附，导致其富集倍数较差。

（4）超声加热对土壤铀去除并最终富集的影响

超声波属于一种纵波并且其具有弹性。它指的是频率在 20～106 kHz 的声波，能够向四周产生一种疏密的波形。在超声波的辅助作用下能够促使一些很难发生的反应或在常规条件下难以发生的反应进行反应，还可以提高反应的速率与反应进程[4]。超声的过程中也会出现其他的效应，这些效应也会对淋洗产生影响。正是在这些效应的共同作用下，使得反应能够朝着更好及更快的方向发展，也提高了反应的效率，产生明显的化学效益[5]。而且近年来，超声这一项辅助技术也已经运用到了一些土壤修复的项目中，并取得了一定的效果。超声波的设备也比较简单，耗能量也比较少，本次实验运用的则是槽式反应器的超声波仪。

将土样过筛选择后，分别取 20 g 土样加入烧杯中，然后分别向烧杯中加入 200 mL 的柠檬酸、盐酸、硫酸，然后分别调节溶液的 pH＝4，pH＝5，将调节好的烧杯在超声辅助的情况下对土壤进行三轮的搅拌淋洗实验，然后通过实验后对溶液进行离心处理，分别得到每轮实验的淋洗液，继续按照之前的方法进行取样，测量每轮淋洗液中的铀的浓度，然后得到测量结果，通过对比判断出超声辅助作用下三种淋洗剂对于土壤中铀的淋洗去除效果。

如图 5.18 所示，从图中可以得到在超声辅助的情况下，每一轮的淋洗效果都有明显的提升，土壤中铀的去除率在每一轮都有所增加，而在第一轮的效果更为明显，这也是因为在第一轮淋洗的时候，土壤中铀较为丰富并且存在的形式较为多样化，多以弱酸可提取态与可还原态的形式存在，比较容易被解吸出来，就会导致这个阶段的去除率较其他两个阶段明显，而在后两轮的淋洗过程中，土壤中也会有部分极少的残渣态被淋洗出来，所以后两轮的去除率增加的不够明显。由于超声过程中，不仅有机械效应，使得土壤与溶液充分的接触搅拌反应，也存在着热效应，这也可以加快土壤中铀与溶液的反应速率；这都对土壤中铀的去除具有促进作用。从图中可以得出，在超声辅助作用下，淋洗三轮后，在 pH＝4 的条件下，盐酸的总的去除率为 53.36％；硫酸的总的去除率为 64.81％；柠檬酸的总的去除率为 87.25％（见表 5.12）；在 pH＝5 的条件下，盐酸的总的去除率为 42.69％；硫酸的总的去除率为 55.4％；柠檬酸的总的去除率为 75.98％（见表 5.13）。相较于之前的普通淋洗，三种淋洗剂在三轮淋洗过后，对土壤中的铀的去除率均有 10％～15％的提升，而且从图中也可以得出柠檬酸的淋洗效果要好于硫酸的淋洗效果，而硫酸的淋洗效果要好于盐酸的淋洗效果，三种淋洗剂在 pH＝4 的条件下，淋洗效果均比 pH＝5 的条件下要较为明显，这与之前的实验结果是一致的。这与王佳明[6]在研究超声强化有机酸淋洗污染土壤中超声可以在很大程度上提高淋洗效率的结果较为一致。

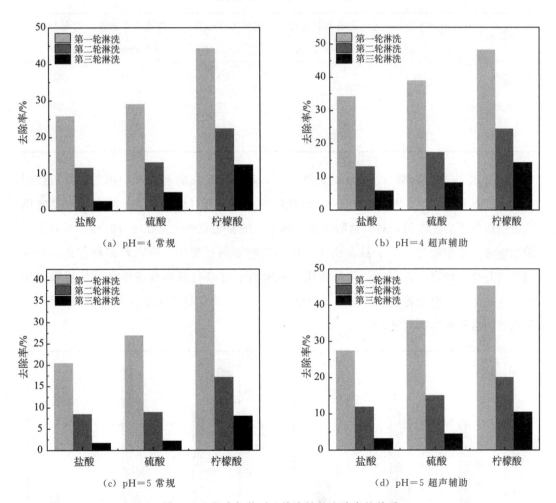

（a）pH＝4 常规　　　　　　　　　　　　（b）pH＝4 超声辅助

（c）pH＝5 常规　　　　　　　　　　　　（d）pH＝5 超声辅助

图 5.18　超声加热对土壤中铀的去除率的关系

向三种不同的淋洗液中加入投量为 1 g/L 的海泡石，控制反应时间为 50 min，在超声的辅助作用下进行海泡石的吸附实验，反应结束后对样品进行处理测样，得到相应的数据，通过数据的分析得到海泡石对土壤中铀的富集倍数以及铀的迁移过程。

表 5.12 pH＝4 超声辅助铀的迁移过程

淋洗剂	土壤铀总含量/（mg/kg）	土壤铀剩余含量/（mg/kg）	淋洗液中铀含量/（mg/L）	海泡石中铀含量（mg/g）	铀回收率/%
盐酸	150.1	69.86	2.66	2.13	80.1
硫酸	150.1	52.83	3.24	3.02	93.2
柠檬酸	150.1	19.13	4.36	1.02	23.4

表 5.13 pH＝5 超声辅助铀的迁移过程

淋洗剂	土壤铀总含量/（mg/kg）	土壤铀剩余含量/（mg/kg）	淋洗液中铀含量/（mg/L）	海泡石中铀含量/（mg/g）	铀回收率/%
盐酸	150.1	85.91	2.23	1.82	81.6
硫酸	150.1	66.94	2.77	2.48	89.5
柠檬酸	150.1	35.92	3.81	0.59	15.4

从图 5.19 中可以得知，在不同的酸度下，超声处理后的淋洗液中铀的富集倍数明显高于没有处理之前，尤其在 pH＝4 的酸度下，海泡石对硫酸淋洗土壤中铀的富集倍数已经达到了 20.11 倍，对于盐酸淋洗土壤中铀的富集倍数也达到了 14.19，而对于柠檬酸淋洗土壤中铀为 6.79。这是由于超声辅助吸附的过程中，存在着多种方式，会有温度的升高，也存在着充分的机械作用，是铀离子可以与海泡石进行充分的接触与碰撞，这就使得反应变得更加的充分，相较于常规的吸附，这种辅助手段的效果会更好，所以铀的富集更加的明显。

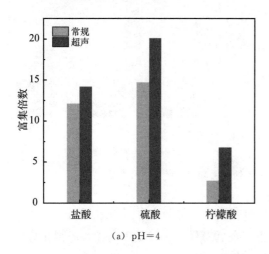

（a）pH＝4

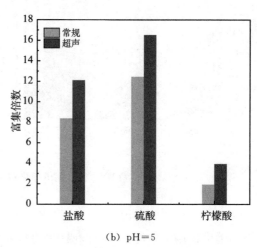

（b）pH＝5

图 5.19 超声对富集倍数的影响

综上对多种因素的研究分析后，发现在超声辅助的作用下，不仅对土壤中铀的淋洗效果可以达到最好，而且其在海泡石对铀的富集作用中也起到了促进作用。海泡石对铀的富集在超声的作用下可以达到最好的效果；而且在淋洗剂对海泡石富集效果的研究中，发现海泡石对于吸附剂是有选择性的，虽然柠檬酸对于土壤的淋洗效果是最佳的，但是海泡石对于其淋洗液中铀的富集效果是最差的，可能是因为柠檬酸为有机酸，在其吸附的过程中会发生络合作用，导致海泡石的空隙堵塞，比表面积减小，铀的吸附降低，最终使得富集倍数较差。

不管是 pH＝4 还是 pH＝5，柠檬酸对于土壤的淋洗效果是最好的，然而在加入海泡石进行吸附试验时，可以发现海泡石是对淋洗液具有选择性的，用硫酸淋洗出来的铀海泡石更容易去吸附，以至于它的富集倍数可以达到很高，这与之前的结论是一致的，然而柠檬酸淋洗出来的铀海泡石对其吸附几乎没有效果，富集倍数也是很低的。而且可以发现，当酸性较强时，不论是淋洗的效果还是海泡石对铀的富集效果都要更好。

随着放射性环境污染问题逐渐严重以及铀矿山退役工作的不断推进，我们国家也较为重视这方面的管理，进而推出了一系列的规范，但是天然放射性核素铀污染土壤的修复标准在这些规定中都没有明确指明，所以天然放射性污染土壤修复标准的制定是比较缓慢的，污染土壤修复到什么标准才能算是比较清洁的土壤，才能达到要求是比较难确定的。由于放射性核素具有放射性毒性以及化学毒性，所以其标准的制定就需要多个部门以及多个行业的合作研究，才能有可能制定出一套可行的标准。根据我国《电离辐射防护与辐射源安全基本标准》（GB 18871—2002）附录 A 中规定天然铀的豁免水平为 1 Bq/g，通过天然铀的比活度换算单位，得到天然铀的豁免水平约为 40 mg/kg[7]。所以本次用天然铀 1 Bq/g 的豁免水平，即 40 mg/kg 作为本次研究的修复目标值。

通过运用三种淋洗剂对污染土壤的三轮淋洗效果，淋洗过后的土壤中铀的含量已低于 40 mg/kg，所以此次对污染土壤进行的搅拌淋洗实验达到了预期的效果，均已达到修复目标。而且通过对淋洗液进行海泡石的吸附实验，也初步的探讨了土壤中铀在海泡石中的富集效果，对于土壤－淋洗液－海泡石的铀迁移路径也做了简单的描述与研究，为今后污染土壤的修复提供了一定的参考。

（5）海泡石吸附前后 SEM、EDS 对比分析

海泡石对三种淋洗液进行吸附实验后，对其进行扫描电镜与能谱的分析，研究了海泡石的结构与成分的变化。

如图 5.20～图 5.22 所示，海泡石吸附前后形态没有发生太大的变化，而且对铀的吸附硫酸淋洗液中效果最好，柠檬酸淋洗液中效果最差，这与之前的富集倍数实验结论一致。

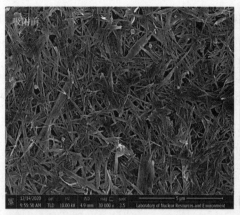 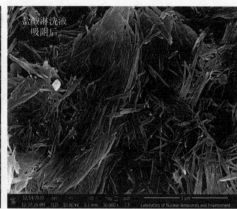

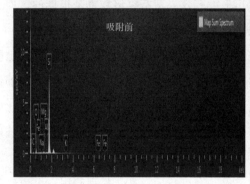 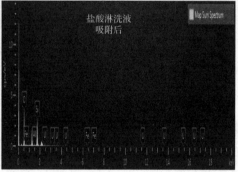

Element	ω/%	ω/% Sigma	Atomic/%
C	5.85	1.63	11.99
O	8.04	0.45	12.38
Na	0.00	0.13	0.00
Mg	1.20	0.15	1.22
Al	0.31	0.15	0.28
Si	84.31	1.54	73.95
K	0.29	0.26	0.18
Fe	0.00	1.33	0.00
Total:	100.00		100.00

Element	ω/%	ω/% Sigma	Atomic/%
O	56.21	1.12	69.75
Al	1.03	0.18	0.76
Si	41.46	0.89	29.31
Fe	0.26	1.44	0.09
U	1.04	1.00	0.09
Total:	100.00		100.00

图 5.20　海泡石吸附盐酸淋洗液前后 SEM/EDS 对比

ω 为质量分数

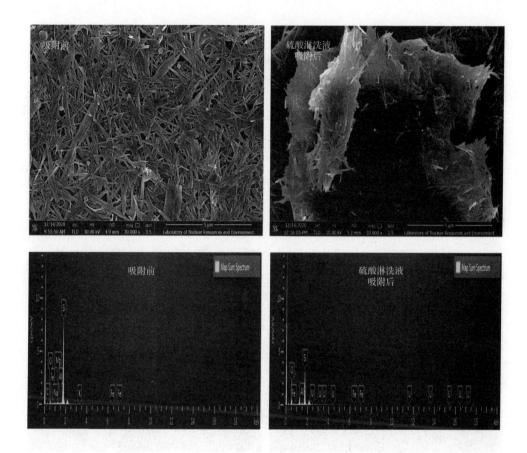

Element	$\omega/\%$	$\omega/\%$ Sigma	Atomic/%
C	5.85	1.63	11.99
O	8.04	0.45	12.38
Na	0.00	0.13	0.00
Mg	1.20	0.15	1.22
Al	0.31	0.15	0.28
Si	84.31	1.54	73.95
K	0.29	0.26	0.18
Fe	0.00	1.33	0.00
Total:	100.00		100.00

Element	$\omega/\%$	$\omega/\%$ Sigma	Atomic/%
O	40.45	1.09	55.67
Al	1.85	0.24	1.51
Si	53.77	1.34	42.15
Fe	1.02	1.84	0.40
U	2.91	1.17	0.27
Total:	100.00		100.00

图 5.21　海泡石吸附硫酸淋洗液前后 SEM/EDS 对比

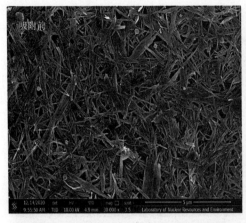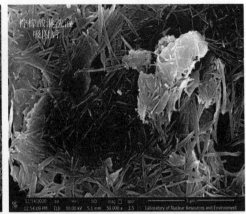

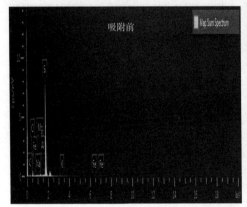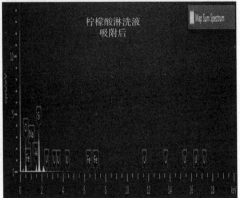

Element	ω/%	ω/% Sigma	Atomic/%
C	5.85	1.63	11.99
O	8.04	0.45	12.38
Na	0.00	0.13	0.00
Mg	1.20	0.15	1.22
Al	0.31	0.15	0.28
Si	84.31	1.54	73.95
K	0.29	0.26	0.18
Fe	0.00	1.33	0.00
Total:	100.00		100.00

Element	ω/%	ω/% Sigma	Atomic/%
O	38.03	0.97	52.77
Na	0.16	0.18	0.16
Al	6.91	0.34	5.69
Si	49.91	1.16	39.45
Fe	4.81	1.62	1.91
U	0.17	1.08	0.02
Total:	100.00		100.00

图 5.22　海泡石吸附柠檬酸淋洗液前后 SEM/EDS 对比

5.2.7   小结

（1）采取的土样为弱酸性、有机质含量是比较低的；土壤中的砂砾、砂土、黏土的质量占比分别为 46.59％、38.93％、14.48％；铀含量分别为 19.46 mg/kg、95.37 mg/kg、150.1 mg/kg，除了砂砾外，其他的铀含量均已超过了铀的目标修复值，所以本文将对铀含量最高的黏土部分进行淋洗修复，在淋洗前经过筛分，将土壤中的大颗粒物质去除，有利于提高实验的效率。

（2）随着土壤粒径的增大，土壤中的含铀量则逐渐地减少，即土壤中含铀量多少与土壤粒径成反比。

（3）通过使用单一变量的实验方法，得出淋洗剂对于淋洗土壤的最佳淋洗时间为 8 h，即淋洗的较为充分，而且也不会因为时间过多浪费实验的成本；通过提高温度的方法也会使得淋洗效果得到明显的提高；通过超声的辅助淋洗，也可以使淋洗的效果提升 10％～15％，比较明显的提高修复效果。

（4）通过三种淋洗剂对污染土壤的淋洗效果，可以得出，柠檬酸对于铀的去除效果最好，不管是在 pH＝4 还是 pH＝5 的情况下，柠檬酸对铀的去除率都是最好的，并且在 pH＝4 的时候去除率可以达到 79.34％；其次是硫酸对铀的去除效果，盐酸对铀的去除效果是最差的。三种淋洗剂在 pH＝4 的情况下对铀的去除效果要明显的好于 pH＝5 的情况下。

（5）海泡石对于土壤铀的富集吸附研究则表明，在 pH＝4 的条件下，海泡石对土壤中铀的富集倍数要高于 pH＝5 的条件下；而且海泡石对于用硫酸淋洗出来的土壤中铀的富集倍数会更高，其次是盐酸，最后是柠檬酸。

（6）海泡石对于淋洗液是具有选择性的，柠檬酸对土壤的淋洗效果虽然是最好的，但是海泡石对于其淋洗出来的铀的吸附效果确是最差的，反而对硫酸淋洗出来的铀的吸附效果是最好的。

5.3   本章小结

本章通过对于污染土壤中铀的存在形态的测试，了解了铀在土壤中的各个存在形式；探讨了淋洗剂、淋洗时间、淋洗的温度以及在超声辅助下淋洗等因素对于淋洗效果的影响，以及海泡石对土壤铀的富集研究。通过前面的实验研究分析，可以得出如下的结论：

（1）铀污染土壤粒径的大小与土壤中含铀量的多少则成反比的趋势，随着污染土壤粒径的不断增加，土壤中的含铀量则不断地减少。即砂砾中的铀含量为 19.46 mg/kg，砂土中的铀含量为 95.37 mg/kg，黏土中的铀含量为 150.1 mg/kg。所以除了砂砾外其余的两种污染土壤中的铀含量均已超出了本文的铀的目标修复值即 40 mg/kg。

（2）将三种淋洗剂在相同的淋洗条件下对含铀污染土壤进行淋洗，最终的淋洗效果由大到小依次为柠檬酸＞硫酸＞盐酸，三轮淋洗结束后盐酸的总去除率为 40.12％；硫酸的总去除率为 47.26％；柠檬酸的总去除率达到了 79.34％。可以得出柠檬酸对含铀土壤的淋洗效果是最佳的。

（3）在通过改变温度进行淋洗实验的研究中发现，可以得出随着温度的升高，每一轮的淋洗过程中，土壤中铀的去除率都有所上升，也使得三轮淋洗过后总的去除率都有了较为明显的上升。在 pH＝4 的情况下，盐酸的总去除率达到了 47.84％；硫酸的总去除率达到了 58.14％；柠檬酸的去除率达到了 83.39％；在 pH＝5 的情况下，盐酸的总去除率为 37.64％；硫酸的为 49.45％；柠檬酸的为 67.82％，相较于升高温度之前，三种淋洗剂在 pH＝4 与 pH＝5 的情况下均有 5％～15％ 的提升，这说明温度的升高，对于淋洗土壤具有促进的作用。

（4）利用超声的辅助手段对污染土壤进行了淋洗研究，在超声辅助作用下，淋洗三轮后，在 pH＝4 的条件下，盐酸的总的去除率为 53.36％；硫酸的总的去除率为 64.81％；柠檬酸的总的去除率为 87.25％；在 pH＝5 的条件下，盐酸的总的去除率为 42.69％；硫酸的总的去除率为 55.4％；柠檬酸的总的去除率为 75.98％。相较于之前的普通淋洗，三种淋洗剂在三轮淋洗过后，对土壤中的铀的去除率均有 10％～15％ 的提升。

（5）通过用海泡石对淋洗液中的铀进行吸附实验，对数据进行处理，得到土壤中铀在海泡石中的富集倍数，在淋洗液 pH＝4 的条件下，海泡石对于用硫酸淋洗出来土壤中铀的富集倍数可以达到 14.72 倍，而对于盐酸淋洗出来土壤中铀的富集倍数达到了 12.12 倍，效果不是太明显的是对于用柠檬酸淋洗出来土壤中铀的富集倍数则为 2.73 倍；在 pH＝5 的条件下，海泡石对硫酸淋洗出来土壤中铀的富集倍数为 12.45 倍；对盐酸淋洗出来土壤中铀的富集倍数为 8.39 倍；对柠檬酸淋洗出来土壤中铀的富集倍数为 1.93 倍。海泡石对于用硫酸淋洗出来的土壤中铀的富集倍数会更高，其次是盐酸，最后是柠檬酸。

参考文献：

[1] 颜靖. 有机改性海泡石吸附水中酸性品红的试验研究 [D]. 湖南大学，2013.

[2] 杜作勇，王彦惠，李东瑞，等. 膨润土对 U（Ⅵ）的吸附机理研究 [J]. 核技术，2019，42（02）：22-29.

[3] Yang Lihua, Deng Yaocheng, Gong Daoxin, et al. Effects of low molecular weight organic acids on adsorption of quinclorac by sepiolite [J]. Environmental Science and Pollution Research，2021，28（8）.

[4] 纪慧超，董雄波，杨华明. 海泡石精细化加工及在战略性新兴产业的应用 [J]. 矿产保护与利用，2020，40（06）：16-25.

[5] 李秀玲，谭玉婷，柳亚清，等. 海泡石矿粉对水中镍的吸附及再生性能研究 [J]. 工业水处理，2020，40（12）：79-82.

[6] 许端平，姜紫微，张朕. 磁性生物炭对铅和镉离子的竞争吸附动力学 [J]. 安徽农业科学，2020，48（22）：67-72.

[7] 王永. 铁基化合物多级结构的制备及其在水处理、锂电领域中的应用研究 [D]. 青岛科技大学，2014.

第6章

铀污染土壤离子交换树脂
辅助化学修复研究

铀污染土壤修复技术，可概括为原位修复技术与异位修复技术[1]。从成本以及对自然土壤扰动小的角度出发，原位修复技术受到更多学者以及土壤修复工作者的青睐，并在此技术中开发出一系列的有效修复手段，如物理修复、化学修复、植物修复以及微生物修复技术等[2-5]。从修复效率及修复周期来看化学修复已然成为当前铀污染土壤修复的主流手段。土壤化学修复中淋洗修复方法相较于其他修复方法具备更高的修复效率[6]。决定淋洗效率三个因素是：淋洗速度、淋洗剂投加量、淋洗剂类型[7-8]。目前常见的化学淋洗剂可以分为：强酸型、强碱型、天然有机酸型以及人工螯合化学淋洗剂[9]。从环境干扰角度考虑强酸与强碱化学淋洗剂通常会极大程度改变土壤 pH，进而影响土壤质量以及土壤生物环境[10]。人工螯合剂则是由一系列人工合成的高分子有机物组成，其特点在于吸附效果好，但不易降解，残存于土壤中易造成二次污染且拥有较高的修复成本。目前人工螯合剂并不能作为铀污染土壤化学淋洗的首选[11]。相比强酸强碱以及人工螯合剂，天然有机酸往往更具实用性，其在自然界中储备大，因此具有更加低廉的成本，通常情况下有机酸与铀酰离子发生螯合作用达到治理效果，并且对土壤几乎不产生二次污染。

实验土壤来自江西省抚州市某废弃尾矿库周边土壤，根据 GB 18871—2002《电离辐射防护与辐射源安全基本标准》附录 A 规定天然铀的豁免水平为 1 Bq/g，通过天然铀比活度换算单位，得到天然铀的豁免水平约为 40 mg/kg[12]。此处尾矿库附近土壤已经严重超出 U 含量标准 4 倍，已然无法作为功能性土壤继续为人类所利用。实验考虑成本、淋洗效率、土壤环境友好性的前提下搭建柠檬酸联合阴、阳离子交换树脂循环淋洗系统。采用柠檬酸作为循环淋洗剂，并控制淋洗环境 pH 在 4 与 5，采用 D201×7 强碱性苯乙烯阴离子交换树脂与 D001×7 强酸性阳离子交换树脂，对淋洗液中铀元素进行回收。

6.1　材料与方法

6.1.1　土壤取样与分析

供试土壤取样深度在 $0 \sim 30$ cm 之间，采用多点分层混合取样，取样时尽量减少扰动保证土壤自然粒度分布，并储存于阴凉干燥通风处。供试土壤消解后采用 ICP-OES 对原始供试土壤进行元素分析。土壤中铀去除率的计算方法如下面公式（6.1）所示，其中 R 为铀去除率；M_0 为试验土壤的初始铀含量（mg）；M_i 为当前时刻土壤的铀含量（mg）；C_0 为初始土壤消化液中的铀浓度（mg/L）。C_i 是当前时刻土壤消化液中的铀浓度（mg/L）；Q_0 是消化后的溶液体积（L）；Q_i 是当前时刻消化后的溶液体积；m_0 是初始土壤消化体积（kg）；m_i 是当前时刻的土壤消化体积（kg）。

$$R = \frac{M_0 - M_i}{M_0}$$

$$M_0 = \frac{C_0 \cdot Q_0}{m_0} \qquad (6.1)$$

$$M_i = \frac{C_i - Q_i}{m_i}$$

6.1.2　土壤淋洗液与树脂

土壤柱清洗实验采用分析纯度的柠檬酸作为洗脱剂，以去离子水作为固液混合物的稀释剂，调节土壤柱清洗循环系统的 pH。实验中采用 10 g/L 和 15 g/L 柠檬酸作为洗脱剂，通过 0.1 mol/L 柠檬酸溶液调节 pH，并控制 pH 为 4 和 5。

实验采用 D201×7 强碱性苯乙烯阴离子交换树脂与 D001×7 强酸性阳离子交换树脂。阴离子交换树脂在使用前用去离子水冲洗，至清洗后去离子水无色为止，后通入 5% NaCl 溶液浸泡 1.5 h，再通入 4% HCl 浸泡 1.5 h，用去离子水浸泡 1.5 h，并至混合物 pH 在 3～5 之间，用 4% NaOH 溶液浸泡 1.5 h，去离子水洗至 pH 在 9～10 之间即可投入使用。阳离子交换树脂通过使用去离子水浸泡树脂，使其膨胀至最大限度后，使用 6 倍树脂体积 1 mol/L 盐酸浸泡 1.5 h，再通入 8 倍体积去离子水冲洗后浸泡于 6 倍体积 1 mol/L 氢氧化钠溶液 1 h，使树脂转化为氢型阳离子交换树脂，最后去离子水洗涤之 pH 在 7～8 之间即可投入使用。

6.1.3　土柱淋洗系统设计

淋洗装置由淋洗柱（主柱、附柱）、吸附柱、蠕动管、蠕动泵组成。淋洗柱为亚克力板制作，主柱上下包含 2 个长 5 cm 内径 9 cm 柱口 0.5 cm 保证淋洗液通过的附柱，淋洗柱主柱与两附柱之间通过法兰扣相连，主柱与附柱间由直径 9 cm 厚 0.5 cm 并均匀分布有孔径 0.1 cm 的亚克力板分隔。树脂柱由长 6 cm，内径 2 cm 柱口 0.5 cm 亚克力板制作，柱口上下均嵌有 0.2 mm 孔径沙网，来保证树脂可以固定于树脂柱中，不进入蠕动管。淋洗柱与树脂柱规格见表 6.1。淋洗柱与树脂柱通过蠕动管相连接，并在连接处使用防水胶带与封口膜密封，蠕动泵作为淋洗系统运行动力源。为保证系统在蠕动泵作用下不会因压强不均致使淋洗柱柱口与蠕动管连接处或树脂柱柱口与蠕动管连接处爆裂，实验在淋洗柱附柱柱口出安置英砂包（由纱布与 8～16 目石英砂组成），可防止石英砂或供试土壤颗粒进入蠕动管或蠕动泵中，造成堵塞或破裂。在主柱底部使用 8～20 目石英砂填充于供试土壤之下，既保证淋洗液在系统中可以充分与土壤、树脂接触，同时不会因为土壤被淋洗液冲刷而使得系统堵塞影响实验进程。树脂柱中填充约 50 g 离子交换树脂，考虑到树脂会在淋洗过程中不断膨胀，在填装树脂柱时，选择填充树脂至树脂柱 2/3 的体积。实验装置见图 6.1。

表 6.1　淋洗柱、吸附柱信息参数

柱	长/cm	内径/cm	进液口内径/cm	滤网孔径/cm
淋洗柱	30	9	0.5	—
吸附柱	6	2	0.5	0.2

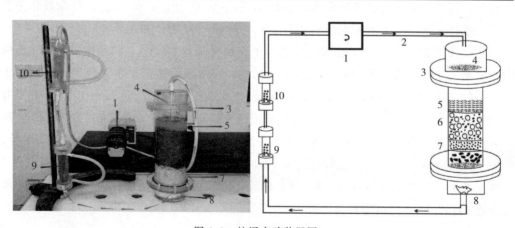

图 6.1　柱浸实验装置图

1—蠕动泵；2—蠕动管；3—法兰扣；4—亚克力板；5—柠檬酸溶液；6—供试土壤；7—石英砂粒；
8—石英砂包；9—阳离子交换树脂柱；10—阴离子交换树脂柱

6.2　土柱淋洗实验

实验共分为 8 组，在 pH＝4、pH＝5 两种条件下进行，通过控制淋洗变量设计 8 组淋洗方案，详细参数见表 6.2。在土柱淋溶实验中，控制实验温度为 25 ℃，设置蠕动泵流速为 400.00 mL/min，实际淋溶系统中流速约为 167.56 mL/min，供试土壤中铀浓度约为 167.27 mg/kg。实验每日 2 次提取液相样本，间隔 12 h，每次取样 1 mL，通过 0.22 mm 有机滤头进行过滤，置于 10 mL 离心管中做好标记，滴加 1～2 mL 硝酸溶液后放入冰箱 5 ℃密封保存，并补充相对应的柠檬酸或去离子水体积，调整循环系统中溶液 pH 在 4、5。实验间隔 24 h 提取固体样本，每次取样量为 0.5～1.5 g，置于 50 mL 离心管中，加去离子水至 50 mL 放入离心机内离心，离心后去除上层清液，保留固相样本，去除土壤样本中的柠檬酸溶液，重复离心步骤 3 次，并将最后离心土壤样本置于蒸发皿中，于 85 ℃烘箱中烘干，烘干时间约为 4～5 h。最后将烘干土壤样品捣碎研磨，取 0.100 g 于坩埚中，利用电热板对供试土壤消解，消解过程依次加入 6 mL 硝酸、3 mL 高氯酸、1 mL 氢氟酸以及 0.5 mL 双氧水，间隔约半小时。将消解完全土壤液体样本放入冰箱于 5 ℃密封保存。并于实验进行 180 h 后对树脂成分采集，通过与土壤相同消解方式，延长消解时间获得树脂消解样品溶液，稀释 10 倍后保存待测。供试土壤消解样品、树脂消解样品以及淋溶液消解样品通过 ICP-OES 测量铀元素与常规金属元素含量。

表 6.2　淋洗类型详细参数

编号	淋洗速度/ (mL/min)	阳离子 交换树脂	阴离子 交换树脂	pH	AC (aq) 10 g/L	AC (aq) 15 g/L	AC (aq)（补充液） 0.1 mol/L
1	163.2			4		1.76 L	0.05 L
2	165.4			5	1.78 L		0.02 L
3	164.7	50.21		4		1.74 L	0.06 L
4	166.8	50.33		5	1.77 L		0.02 L
5	167.2		50.55	4		1.75 L	0.03 L
6	165.6		50.18	5	1.79 L		0.03 L
7	167.1	50.01	50.13	4		1.74 L	0.06 L
8	166.9	50.12	50.21	5	1.77 L		0.05 L

6.3　样品表征

实验通过使用 X 射线衍射（XRD）对淋洗固定前后土样中晶体化合物结构进行分析。利用扫描电镜（SEM）、X 射线能谱（EDS）以及 ICP-OES 对固定前后土壤、树脂表面钾、钙、钠、镁、铝与铀元素进行定量分析，采用分级提取方式对淋洗后土壤金属元素形态进行分析，利用 TOC 分析仪对淋溶前后土壤有机碳进行分析测定。

6.4　结果与讨论

6.4.1　土壤淋洗实验

（1）柠檬酸对铀污染土壤修复效果影响

通常情况下，铀在溶液中以铀酰离子 UO_2^{2+} 存在，呈黄亮色。铀酰离子中，铀与氧原子紧密结合，原子间距为 $0.17\sim0.2$ nm[13]。实际上形成了共价键，属于相对稳定的整体，可与其他配位体形成配位键，由于铀的极化作用，配位键性质偏向于共价键，铀与这些配位原子之间的距离约为 $0.22\sim0.3$ nm[14]。水分子以及柠檬酸溶液一般具有一定的配位能力，因此，实际上铀酰离子往往以水化离子形态或络合物形态存在。已有研究表面，在溶液 pH 大于 3 时，铀酰离子会发生水解，生成一系列聚合离子[15]。西伦曾提出"中心键"理论解释铀酰离子水解反应以及各个阶段生成物种类，其通式为：$UO_2\left[(OH)_2UO_2\right]_{n2+}$（$n=1$，2，…，6）。柠檬酸在液相中可以分为四种形态 H_3A、H_2A^-、HA^{2-}、A^{3-}[16]。其与重金属反应可用如下反应式如下：

$$M^{2+}+H_2A^-=MHA^+$$
$$M^{2+}+HA^{2-}=MHA \tag{6.2}$$
$$M^{2+}+A^{3-}=MA^-$$

实验采用柠檬酸作为铀污染土壤淋洗剂，淋洗剂浓度控制在 pH＝4 与 pH＝5 两个条件，原因是当算式淋洗剂 pH 过低会导致土壤理化性质破坏[17-18]。即使达到土壤铀含量国家标准，但给土壤造成的破坏往往是不可逆的，基本很难达到其二次利用的目的。当淋洗剂 pH 过高，虽然对土壤造成的危害较小，但会大大降低土壤的淋洗效率，更多时候不能达到淋洗预期目标[19-21]。实验淋洗液用量固定为 1.8 L，供试土壤 500 g，淋洗柱中淋洗液流速为 167.56 mL/min，25 ℃下进行实验。图 6.2 为在 pH＝4、pH＝5 条件下针对铀尾矿周边土壤淋洗效果图。

由图 6.2 可见淋洗液在两种 pH 条件下土壤约在 120 h 时达到淋洗平衡，循环淋洗液用量为 1.8 L。在 pH＝5 条件下土壤 U 淋洗率为 51.5%，此时土壤中 U 浓度为

83.76 mg/kg，土壤中常规金属淋洗效率为：K 43.9％、Ca 45.7％、Na 41.3％、Mg 43.3％、Al 44.5％。在 pH＝4 条件下土壤 U 淋洗率为 59.6％，此时土壤中 U 浓度为 67.18 mg/kg。土壤中其余常规金属淋洗效率为：K 53.7％、Ca 50.2％、Na 46.1％、Mg 49.2％、Al 54.8％。柠檬酸柱浸过程液相中常规金属元素随时间变化见表 6.3，供试土壤中常规金属元素随时间变化见表 6.4。在循环系统中金属元素损失率为：K 4.06％、Ca 1.64％、Na 0.87％、Mg 3.00％、Al 1.05％，U 0.15％，从实验中可能存在测试误差与土壤消解所带来的误差来看，循环淋洗系统近乎达到淋洗前后元素质量守恒。

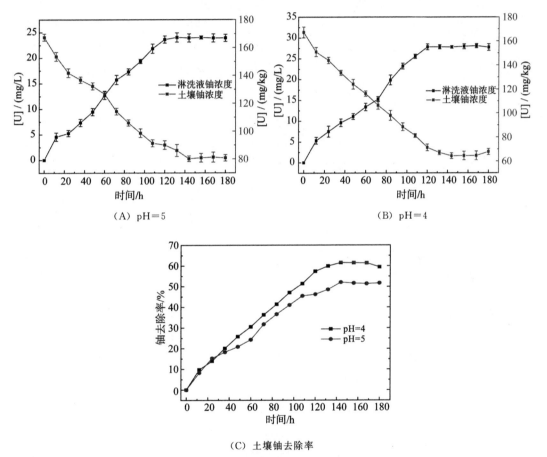

图 6.2　柠檬酸循环淋洗效果图

　　在单一使用柠檬酸作为淋洗剂，并控制淋洗液 pH 条件后土壤中铀浓度距离达到《电离辐射防护与辐射源安全基本标准》中的 40 mg/kg 还有一定差距，不过可以说明柠檬酸对土壤中 U 等重金属元素的确有着显著的淋洗与固定作用。当淋洗剂浓度提升时，能够结合的金属离子越多，并促使离子螯合反应朝着形成螯合物方向移动[22-24]。柠檬酸进入土壤后更多利用自身携带的羟基、羧基等官能团抑制土壤中金属元素与土壤的结合并达到修复的目的[25-28]。

表 6.3　柠檬酸淋洗供试土壤淋洗液中常规金属元素组分表

| 时间/h | [液相元素组分]/（mg/L） | | | | |
	Al	Ca	K	Mg	Na
pH=5					
12	1 372.09	95.018	166.53	65.997	494.798
24	2 147.38	113.525	237.46	71.262	762.126
36	2 568.49	123.582	317.23	75.261	1 123.721
48	3 335.56	133.582	462.81	82.187	1 724.731
60	3 974.71	152.163	627.21	86.218	2 172.721
72	4 648.21	173.618	657.21	91.273	2 422.781
84	5 358.93	186.281	723.17	93.526	2 732.731
96	5 562.28	185.821	762.71	95.271	3 152.719
108	5 558.21	185.173	781.27	97.526	3 382.719
120	5 552.79	184.927	782.92	97.248	3 423.711
132	5 552.83	185.328	791.32	97.326	3 425.893
144	5 553.81	185.221	781.31	97.282	3 414.721
156	5 553.12	185.279	783.01	97.31	3 416.172
168	5 552.67	185.129	782.16	97.263	3 415.294
180	5 552.81	185.282	782.62	97.252	3 415.372
pH=4					
12	1 663.99	124.971	193.06	72.334	536.334
24	2 004.92	136.251	297.49	86.855	1 126.948
36	2 670.58	146.891	377.77	91.478	1 577.795
48	3 305.98	158.036	562.95	96.794	1 880.307
60	4 167.97	172.506	667.66	98.397	2 356.801
72	4 741.29	188.413	810.92	102.575	2 838.576
84	5 212.51	198.241	893.29	108.373	3 319.13
96	5 907.97	195.593	964.63	110.869	3 697.853
108	6 631.13	204.089	959.45	111.653	3 796.48
120	6 906.58	203.01	950.32	110.725	3 817.926
132	6 832.61	203.817	960.03	110.926	3 808.70
144	6 840.02	203.664	947.49	110.024	3 805.455
156	6 827.997	203.726	955.18	110.539	3 803.179
168	6 826.87	203.712	962.63	110.677	3 804.299
180	6 826.36	203.627	957.25	110.628	3 803.618

表 6.4 柠檬酸淋洗供试土壤土壤中常规金属元素组分表

| 时间/h | [固相元素组分] / (mg/kg) | | | | |
	Al	Ca	K	Mg	Na
12	42 608.90	1 136.05	6 913.05	731.05	27 291.55
24	39 287.15	1 077.60	5 663.60	718.40	25 137.40
36	36 736.05	1 008.60	5 135.60	681.90	24 182.00
48	34 736.05	981.05	4 913.05	636.55	21 641.30
60	31 740.55	916.30	4 621.90	591.30	20 635.85
72	29 135.85	881.25	4 314.05	513.55	19 685.70
84	26 640.85	816.35	4 013.55	501.00	18 865.60
96	24 635.85	814.05	3 913.55	496.30	17 640.85
pH=5 108	24 091.30	814.13	3 814.45	481.25	17 168.55
120	24 186.05	801.35	3 764.05	471.30	17 051.40
132	24 137.95	808.10	3 731.40	466.35	16 914.55
144	24 163.66	807.60	3 736.05	463.65	16 596.35
156	24 131.35	808.05	3 735.00	464.10	16 631.40
168	24 135.65	808.55	3 736.30	464.95	16 635.60
180 上层	24 126.85	813.55	3 736.35	471.35	16 763.05
180 中层	24 663.55	851.35	3 814.05	491.35	16 913.05
180 下层	24 914.05	891.40	3 913.05	501.40	17 009.10
180 平均	24 568.15	852.10	3 821.15	488.03	16 895.07
12	41 857.85	1 096.40	6 306.45	666.05	27 086.10
24	37 571.20	994.90	5 950.60	604.50	25 525.95
36	35 729.85	908.40	5 351.95	551.40	22 889.35
48	33 884.35	843.00	4 668.50	500.20	21 221.20
60	30 743.55	798.25	3 817.25	462.15	19 244.75
72	27 657.25	758.20	3 479.85	436.45	17 664.45
84	25 317.70	738.55	3 087.75	421.80	16 380.20
96	23 021.65	715.40	3 070.45	410.80	15 264.35
pH=4 108	21 943.40	724.95	3 103.60	415.25	15 401.60
120	21 301.90	720.35	3 108.80	416.35	15 502.05
132	20 537.20	720.55	3 115.25	414.20	15 507.85
144	20 387.00	720.05	3 115.05	415.05	15 451.85
156	20 246.90	719.95	3 103.75	415.90	15 392.60
168	20 338.75	720.95	3 106.20	415.35	15 438.35
180 上层	20 391.40	723.20	3 110.45	415.80	15 475.75
180 中层	20 632.25	759.10	3 238.45	423.25	15 937.30
180 下层	21 317.35	771.65	3 343.15	463.10	16 082.40
180 平均	20 780.33	751.32	3 230.68	434.05	15 831.82

（2）联合阳离子交换树脂修复实验

实验在使用柠檬酸作为淋洗剂并控制 pH 的基础上，考虑到实验是循环淋洗铀污染土壤，循环淋洗液往往在淋洗过程中达到饱和，而影响对土壤中铀的淋洗效率。因此采用 D001×7 强酸性阳离子交换树脂填充吸附塔，目标是达成溶液中铀等其他金属元素处于低浓度状态。实验淋洗液用量固定为 1.8 L，供试土壤 500 g，淋洗柱中淋洗液流速为 167.56 mL/min，25 ℃下进行实验。图 6.3 为在 pH＝4、pH＝5，室温（25 ℃）下针对铀尾矿周边土壤淋洗效果图。

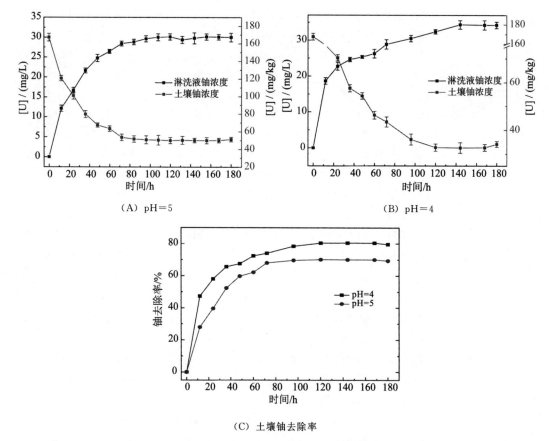

（A）pH＝5　　　　　　　　　　　　　　　（B）pH＝4

（C）土壤铀去除率

图 6.3　联合阳离子交换树脂淋洗效果图

由图 6.3 可见淋洗液在两种 pH 条件下土壤约在 120 h 时达到淋洗平衡，循环淋洗液用量为 1.8 L。在 pH＝5 条件下土壤 U 淋洗率为 68.3%，此时土壤中 U 浓度为 51.3 mg/kg，土壤中其余常规金属淋洗效率为：K 65.4%、Ca 60.1%、Na 51.8%、Mg 61.4%、Al 62.3%，树脂中铀 6.4 mg 元素吸附量为：在 pH＝4 条件下土壤 U 淋洗率为 79.7%%，此时土壤中 U 浓度为 34.13 mg/kg。土壤中其余常规金属淋洗效率为：K 71.9%、Ca 71.1%、Na 60.8%、Mg 70.6%、Al 75.7%，树脂中铀元素吸附量为：10.2 mg。柠檬酸柱浸过程液相中常规金属元素随时间变化见表 6.5，供试土壤中常规金属元素随时间变化见表 6.6。在循环系统中金属元素损失率为：K 3.92%、Ca 2.39%、Na 0.05%、Mg 1.78%、Al 3.59%，U 0.08%，对于实验中可能存在测试误差与土壤消解所带来的误差来看，循环淋洗系统近乎达到淋洗前后元素质量守恒。

在柠檬酸联合阳离子交换树脂实验中，相比于单一柠檬酸淋洗污染土壤中淋洗平衡时间提前了约 20 h，再 0～20 h 之间淋洗速率提升明显。其中低 pH 条件下联合阳离子交换树脂淋溶铀污染土壤已然可以达到《电离辐射防护与辐射源安全基本标准》中的 40 mg/kg。并且在会更快地达到淋洗平衡。但是在淋洗过程中检测液相中铀元素浓度，虽然相较于柠檬酸单一淋洗土壤实验中当达到淋洗平衡后溶液中铀元素浓度并未下降反而得到提高，说明阳离子交换树脂在淋洗过程中在吸附柠檬酸淋洗出的铀元素同时，使溶液的淋洗量也得到了提高，但并未达到实验设想使溶液中铀元素含量始终处于相对较低含量目的。通过对树脂中铀元素吸附量猜想当树脂对土壤中淋洗出的铀元素吸附效果更好时，可能会达到更好的淋溶效果。

表 6.5 柠檬酸联合阳离子交换树脂循环淋洗供试土壤淋洗液中常规金属元素组分表

	时间/h	［液相元素组分］/（mg/L）				
		Al	Ca	K	Mg	Na
pH＝5	12	1 304.51	27.74	226.28	72.33	1 578.89
	24	2 184.53	55.24	419.30	77.64	1 658.16
	36	3 202.48	76.46	624.38	83.97	1 798.02
	48	4 863.48	94.64	833.95	96.50	2 325.93
	60	5 749.92	105.62	930.65	99.20	2 688.11
	72	6 606.25	111.50	1 055.05	100.80	3 116.46
	84	7 340.02	131.45	1 103.15	102.52	3 257.99
	96	7 371.34	144.09	1 102.66	101.53	3 308.97
	108	7 380.61	138.43	1 111.33	101.39	3 288.61
	120	7 368.60	141.86	1 100.35	102.22	3 281.56
	132	7 379.30	140.86	1 090.45	101.83	3 282.58
	144	7 302.05	142.49	1 121.95	101.50	3 283.94
	156	7 299.26	141.35	1 115.64	102.31	3 282.57
	168	7 353.29	141.78	1 106.54	101.41	3 282.66
	180	7 348.82	141.69	1 105.78	101.32	3 282.32

时间/h	[液相元素组分] / (mg/L)				
	Al	Ca	K	Mg	Na
12	35 321.10	955.50	6 713.00	861.60	18 012.40
24	31 918.50	832.65	5 298.40	582.20	16 080.10
36	25 691.50	682.75	3 702.35	412.65	14 076.00
48	19 615.40	495.30	2 087.10	381.05	12 890.55
60	14 343.55	444.15	1 817.65	307.05	11 447.40
72	12 361.55	436.95	1 892.30	297.35	11 235.95
96	9 043.65	442.45	1 861.45	246.70	11 421.10
pH=4 108	8 971.35	431.15	1 874.45	245.90	11 322.15
120	8 510.10	429.20	1 891.40	242.65	11 402.05
132	8 880.10	429.65	1 903.45	241.80	11 402.90
144	8 758.25	429.20	1 899.00	241.90	11 501.15
156	9 476.35	462.55	2 063.00	252.60	11 671.60
168	9 583.10	476.45	2 207.15	261.55	11 773.25
180	9 272.57	456.07	2 056.38	252.02	11 648.67

表 6.6　柠檬酸联合阳离子交换树脂循环淋洗供试土壤土壤常规金属元素组分表

时间/h		[固相元素组分] / (mg/kg)				
		Al	Ca	K	Mg	Na
12		42 002.85	1 193.84	6 295.41	629.68	27 815.71
24		37 968.64	1 061.86	5 737.22	574.36	24 184.94
36		33 376.72	957.02	5 041.46	529.71	22 696.76
48		26 175.08	817.66	4 303.34	478.80	19 526.15
60		23 264.10	722.49	3 242.12	413.73	17 131.28
72		19 419.58	647.58	2 937.51	359.72	15 182.69
84		17 336.42	580.82	2 365.57	309.76	14 208.69
96		16 699.84	551.36	2 240.12	315.21	13 599.99
108		16 522.20	548.56	2 000.70	315.81	13 792.48
pH=5 120		16 651.38	556.86	2 085.17	314.96	13 678.81
132		16 523.80	568.16	2 060.11	317.46	13 627.25
144		16 921.03	556.96	2 054.16	319.16	13 722.37
156		16 827.41	550.36	2 083.07	315.76	13 680.54
168		16 512.58	553.69	2 087.64	318.26	13 540.58
180	上层	16 495.50	584.82	2 089.62	334.32	13 556.61
180	中层	16 717.59	610.22	2 157.13	346.37	13 884.38
180	下层	17 344.07	683.44	2 355.10	358.32	14 122.30
180	平均	16 852.39	626.16	2 200.62	346.34	13 854.43

续表

时间/h		[固相元素组分]/（mg/kg）				
		Al	Ca	K	Mg	Na
12		35 321.10	955.50	6 713.00	861.60	18 012.40
24		31 918.50	832.65	5 298.40	582.20	16 080.10
36		25 691.50	682.75	3 702.35	412.65	14 076.00
48		19 615.40	495.30	2 087.10	381.05	12 890.55
60		14 343.55	444.15	1 817.65	307.05	11 447.40
72		12 361.55	436.95	1 892.30	297.35	11 235.95
pH＝4	96	9 043.65	442.45	1 861.45	246.70	11 421.10
	120	8 971.35	431.15	1 874.45	245.90	11 322.15
144		8 510.10	429.20	1 891.45	242.65	11 402.05
168		8 880.10	429.65	1 903.45	241.80	11 402.90
180	上层	8 758.25	429.20	1 899.00	241.90	11 501.15
180	中层	9 476.35	462.55	2 063.00	252.60	11 671.60
180	下层	9 583.10	476.45	2 207.15	261.55	11 773.25
180	平均	9 272.57	456.07	2 056.38	252.02	11 648.67

（3）联合阴离子交换树脂修复实验

实验在使用柠檬酸作为淋洗剂并控制 pH 的基础上，考虑到 D001×7 强酸性阳离子交换树脂对土壤中铀的吸附能力有限，因此实验采用 D201×7 强碱性苯乙烯阴离子交换树脂填充吸附塔，实验中淋洗液用量固定为 1.8 L，淋洗柱中淋洗液流速为 167 mL/min，在室温下进行。图 6.4 为在 pH＝4、5，下针对铀尾矿周边土壤淋洗效果图。

由图 6.4 可见在 pH＝5 条件下土壤 U 淋洗率为 68.9%，此时土壤中 U 浓度为 50.6 mg/kg，土壤中其余常规金属淋洗效率为：K 68.1%、Ca 65.4%、Na 51.6%、Mg 58.8%、Al 65.2%，树脂中铀元素吸附量为：39.1 mg。在 pH＝4 条件下土壤 U 淋洗率为 80.0%，此时土壤中 U 浓度为 35.8 mg/kg。土壤中其余常规金属淋洗效率为：K 74.9%、Ca 77.4%、Na 63.2%、Mg 71.8%、Al 77.3%，树脂中 U 元素吸附量为：51.6 mg。柠檬酸柱浸过程液相中常规金属元素随时间变化见表 6.7，供试土壤中常规金属元素随时间变化见表 6.8。在循环系统中金属元素损失率为：K 4.55%、Ca 0.65%、Na 2.01%、Mg 5.28%、Al 0.08%、U 1.43%，对于实验中可能存在测试误差与土壤消解所带来的误差来看，循环淋洗系统近乎达到淋洗前后元素质量守恒。

在柠檬酸联合阴离子离子交换树脂实验中，相比于单一柠檬酸淋洗污染土壤与阳离子树脂淋洗污染土壤中淋洗平衡时间提升至约 16 h 左右，在 0～15 h 之间淋洗速率提升明显。虽然在 pH＝5 条件下达到淋洗平衡后土壤中铀浓度并未达到《电离辐射防护与辐射源安全基本标准》中的 40 mg/kg，在 pH＝4 条件下可以达到标准，但是可发现在淋洗过程中淋洗液铀浓度始终处于低铀含量状态，这达成了实验设计中不断降低淋洗液循环后铀浓度的目标。

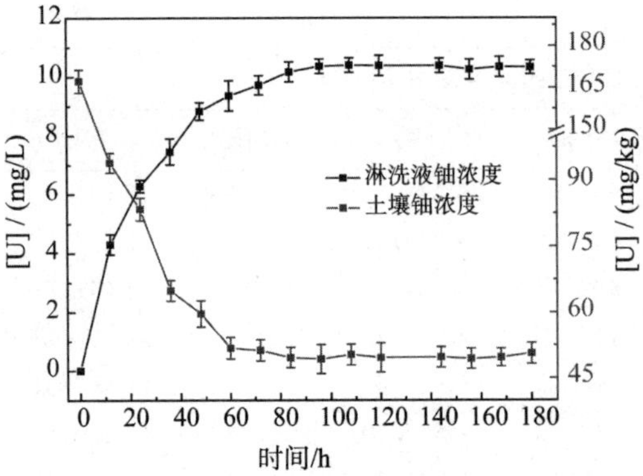

(A) pH＝5

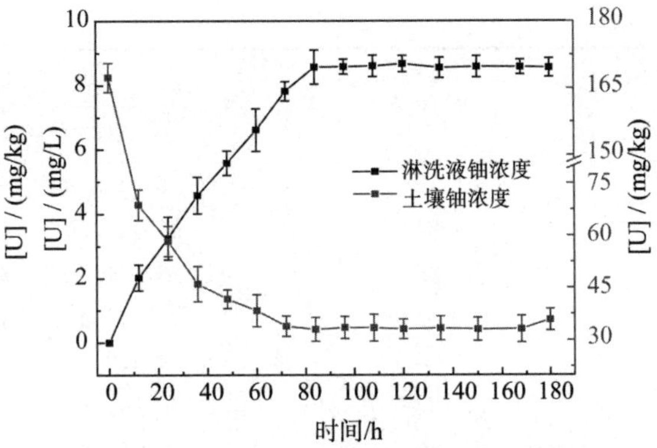

(B) pH＝4

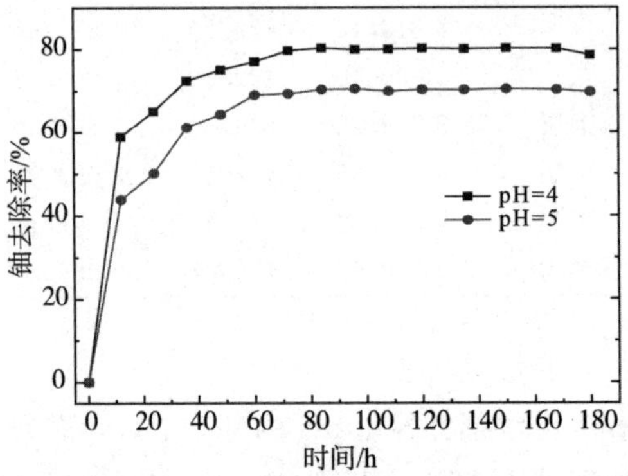

(C) 土壤铀去除率

图 6.4 联合阴离子交换树脂淋洗效果图

表 6.7 柠檬酸联合阴离子交换树脂循环淋洗供试土壤淋洗液中常规金属元素组分表

	时间/h	[液相元素组分] / (mg/L)				
		Al	Ca	K	Mg	Na
pH＝5	12	1 509.10	57.41	167.77	9.48	1 268.05
	24	2 647.00	69.65	233.50	18.07	1 768.15
	36	4 202.78	78.97	382.97	25.03	2 115.07
	48	5 096.26	90.97	449.76	38.89	2 553.49
	60	5 960.97	103.06	597.16	44.97	2 815.12
	72	6 581.15	112.36	665.78	55.16	2 925.08
	84	7 899.77	129.79	859.56	65.41	3 085.03
	96	7 739.09	131.99	964.43	77.07	3 075.44
	108	7 770.47	148.18	1 049.71	89.84	3 075.94
	120	7 730.79	159.02	1 160.14	92.28	3 076.37
	144	7 791.13	159.07	1 171.08	93.48	3 071.53
	156	7 748.84	159.28	1 146.98	92.04	3 076.05
	168	7 778.89	158.09	1 145.91	91.81	3 074.21
	180	7 766.11	158.82	1 143.19	92.91	3 074.15

续表

时间/h	[液相元素组分] / (mg/L)				
	Al	Ca	K	Mg	Na
12	1 864.18	33.15	145.32	8.38	1 772.45
24	2 924.72	55.52	445.37	33.33	2 109.05
36	3 880.40	83.53	607.58	57.62	2 720.97
48	5 770.50	119.80	766.34	66.71	3 181.40
60	6 966.32	140.04	992.92	71.12	3 579.41
72	7 696.05	165.20	1 196.75	98.09	3 771.82
84	8 808.44	153.85	1 139.97	105.14	3 812.44
pH=4 96	9 234.21	168.26	1 260.15	104.29	3 803.39
108	9 172.11	160.09	1 283.94	108.31	3 790.83
120	9 108.69	166.01	1 226.28	106.88	3 800.49
144	9 176.35	165.58	1 217.63	107.96	3 810.75
156	9 167.69	166.12	1 224.23	106.54	3 809.63
168	9 177.21	167.39	1 223.27	105.61	3 808.76
180	9 153.68	165.47	1 221.68	105.33	3 803.74

表 6.8 柠檬酸联合阴离子交换树脂循环淋洗供试土壤土壤常规金属元素组分表

时间/h		[固相元素组分] / (mg/kg)				
		Al	Ca	K	Mg	Na
12		38 102.75	972.75	6 473.30	831.45	21 403.65
24		33 551.20	949.45	5 914.95	704.60	19 630.60
36		28 241.55	853.45	5 442.95	639.45	18 380.55
48		25 614.20	821.30	4 779.40	529.30	15 667.45
60		22 785.85	731.30	4 128.60	480.75	15 331.45
72		18 517.05	652.25	3 695.35	478.00	14 590.80
84		16 279.50	602.15	3 302.80	446.30	14 255.15
96		15 517.05	567.70	2 777.65	370.60	13 936.55
pH=5 108		15 279.50	559.60	2 316.25	346.75	13 486.70
120		15 284.50	538.50	2 291.70	339.05	13 513.40
144		15 449.05	530.90	2 166.95	344.05	13 431.20
156		15 282.35	508.60	2 116.45	337.70	13 477.60
168		15 183.15	529.65	2 158.00	341.40	13 474.75
180	上层	15 226.60	529.50	2 166.45	345.68	13 494.80
180	中层	15 931.05	568.75	2 332.95	354.60	13 554.30
180	下层	16 267.05	593.00	2 448.75	361.85	13 923.85
180	平均	15 808.23	563.75	2 316.05	354.04	13 657.65

时间/h		[固相元素组分] / (mg/kg)				
		Al	Ca	K	Mg	Na
	12	35 870.40	968.05	6 429.00	728.00	19 382.90
	24	31 791.05	832.35	5 612.90	637.85	17 813.90
	36	29 289.05	651.75	4 158.15	526.20	15 401.25
	48	22 556.80	517.00	3 571.40	464.55	13 055.10
	60	19 771.50	486.60	3 042.60	374.20	11 141.95
	72	15 574.60	391.35	2 017.45	312.95	10 964.15
	84	13 149.90	326.65	1 836.15	306.60	10 336.05
	96	11 464.65	332.75	1 721.05	311.70	10 939.20
pH＝4	108	9 810.60	328.90	1 603.65	287.30	10 700.15
	120	9 429.50	326.70	1 736.75	285.60	10 675.50
	144	9 054.70	326.45	1 653.35	287.40	10 973.10
	156	9 654.30	326.35	1 667.80	287.25	10 736.45
	168	9 522.65	324.575	1 656.85	286.30	10 654.45
	180 上层	9 562.25	325.35	1 663.90	286.40	10 756.35
	180 中层	10 212.25	335.55	1 981.80	296.75	11 665.50
	180 下层	10 912.25	357.65	2 047.20	301.10	12 258.60
	180 平均	10 228.917	339.517	1 897.633	294.75	11 560.15

（4）联合阴、阳离子交换树脂修复试验

考虑到实验使用的两种阴阳离子交换树脂在 pH＝4、pH＝5 两种条件下对铀污染土壤有着良好的浸出效果，因此考虑使用串联两树脂塔的方式对目标土壤进行柱浸实验。实验继续采用 D001×7 强酸性阳离子交换树脂与 D201×7 强碱性苯乙烯阴离子交换树脂进行串联，根据单吸附塔柱浸实验结果，将淋洗柱出液口先与阳离子交换树脂吸附塔连接，而后使阳离子树脂吸附塔出液口与阴离子树脂进液口相连接，最后与淋洗柱进液口组成闭合回路。实验中淋洗液用量固定为 1.8 L，淋洗柱中淋洗液流速为 167 mL/min，在室温下进行。图 6.5 为在 pH＝4、5，下针对铀尾矿周边土壤淋洗效果图。

从柠檬酸联合阴、阳离子交换树脂协同作用下对铀污染土壤修复实验淋洗效果图可见，相比于阴离子交换树脂填充吸附塔循环淋洗铀污染土壤实验，淋洗平衡时间无明显变化。由图 6.5 可见在 pH＝5 条件下土壤中铀淋洗率达到 73.9%，此时土壤中铀含量为：35.0 mg/kg，土壤中其余常规金属淋洗效率为：K 69.8%、Ca 70.0%、Na 54.7%、Mg 65.6%、Al 68.2%，此时阳离子交换树脂中铀含量为 3.8 mg，阴离子交换树脂中铀含量为 44.3 mg。在 pH＝4 条件下土壤中铀淋洗率达到 95.5%，此时土壤中铀含量为：7.9 mg/kg，土壤中其余常规金属淋洗效率为：K 81.5%、Ca 89.3%、Na 70.7%、Mg 83.8%、Al 83.7%，此时阳离子交换树脂中铀含量为 6.2 mg，阴离子交换树脂中铀含量为 56.9 mg。

通过使用柠檬酸联合两种交换树脂实验，土壤中铀含量均可以达到《电离辐射防护与辐射源安全基本标准》中 40 mg/kg 以下。并且，在此过程中淋洗液的铀元素含量始终处于较低含量。柠檬酸柱浸过程液相中常规金属元素随时间变化见表 6.9，供试土壤中常规金属元素随时间变化见表 6.10。在循环系统中金属元素损失率为：K 2.34%、Ca 2.11%、Na 3.31%、Mg 4.15%、Al 0.33%、U 2.53%，对于实验中可能存在测试误差与土壤消解所带来的误差来看，循环淋洗系统近乎达到淋洗前后元素质量守恒。

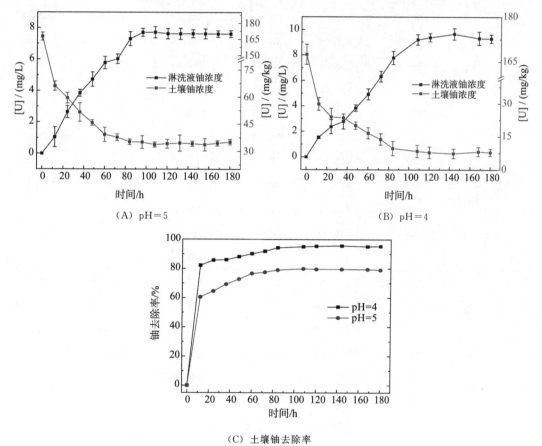

（A）pH＝5　　　　　　　　　（B）pH＝4

（C）土壤铀去除率

图 6.5　联合阴、阳离子交换树脂淋洗效果图

从横向数据对比下发现比柠檬酸联合两种离子交换树脂针对铀污染土壤淋洗实验在两个 pH 下铀含量均可以达到国家土壤辐射管理标准。相比之下使用阴、阳离子交换树脂效果最佳不仅保证在达到淋洗平衡后可以达到修复要求，在淋洗过程中淋洗液长期处于低淋洗目标物的环境，可以达到淋洗液的二次利用大大节约了淋洗成本。在 pH＝4 的循环淋洗实验中，单独利用阴离子树脂、阳离子树脂与联合使用阴阳离子实验都可以达到土壤铀含量修复标准，联合使用两种树脂情况下相比单独使用树脂会提高将近 15.5% 的淋洗效率。各组实验金属元素洗脱量见表 6.11。树脂吸附量见表 6.12。

表 6.9 柠檬酸联合阴、阳离子交换树脂循环淋洗供试土壤淋洗液中常规金属元素组分表

时间/h	[液相元素组分] / (mg/L)				
	Al	Ca	K	Mg	Na
pH=5 12	1 527.34	1.66	513.73	15.48	1 033.96
24	2 354.57	5.26	663.92	22.46	1 114.74
36	2 927.37	9.78	783.92	25.74	1 234.73
48	3 737.38	17.75	842.63	36.75	1 492.74
60	4 347.48	25.37	993.73	43.88	1 633.72
72	5 658.48	30.28	1 055.28	48.59	1 790.37
84	6 568.38	33.66	1 082.91	56.27	1 864.83
96	6 936.72	38.27	1 053.71	58.73	1 984.73
108	6 858.48	37.96	1 087.22	58.26	1 942.84
120	6 836.27	39.39	1 074.89	57.46	1 939.27
132	6 846.28	38.34	1 093.83	58.83	1 943.52
144	6 825.27	38.71	1 072.89	57.84	1 946.36
156	6 856.27	38.72	1 083.21	88.74	1 942.87
168	6 848.41	38.64	1 082.64	58.74	1 942.83
180	6 853.48	38.48	1 082.37	58.54	1 942.68
pH=4 12	2 312.02	25.864	646.47	19.397	1 149.25
24	3 390.445	27.604	785.18	24.018	1 134.538
36	5 190.075	32.635	792.68	34.301	1 234.63
48	6 201.55	42.993	813.59	43.042	1 319.295
60	7 059.675	44.863	894.22	45.981	1 442.128
72	7 798.95	47.719	907.51	57.731	1 637.538
84	7 873.985	51.774	1 073.99	54.542	1 840.096
108	8 000.71	51.82	1 162.27	61.729	2 036.937
120	8 361.545	57.001	1 163.71	60.52	2 073.036
144	8 203.405	59.216	1 182.08	71.576	2 064.47
168	8 110.79	58.781	1 193.1	68.19	2 062.798
180	8 247.28	59.764	1 181.27	67.243	2 084.584

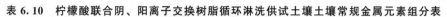
表 6.10　柠檬酸联合阴、阳离子交换树脂循环淋洗供试土壤土壤常规金属元素组分表

时间/h		[固相元素组分] / (mg/kg)				
		Al	Ca	K	Mg	Na
pH＝5	12	35 102.05	638.70	5 051.35	819.45	18 418.05
	24	32 236.90	552.40	4 687.40	728.65	16 842.45
	36	29 241.40	533.90	3 518.95	707.30	16 236.40
	48	26 243.65	498.00	3 192.40	664.20	15 973.65
	60	21 848.90	452.35	2 786.90	563.70	15 294.75
	72	19 181.40	431.40	2 286.60	515.15	14 687.40
	84	16 448.15	406.60	2 041.55	481.35	13 729.15
	96	14 342.40	401.35	2 091.90	418.10	13 186.45
	108	13 737.40	402.35	2 023.15	368.05	13 019.45
	120	13 717.80	401.40	2 014.55	339.65	13 291.95
	144	13 787.40	401.90	2 046.05	349.15	12 997.40
	156	13 681.85	401.05	2 000.10	341.05	13 324.15
	168	13 948.60	401.50	2 001.55	344.05	13 387.40
	180 上层	13 936.35	401.60	2 002.25	340.80	13 436.40
	180 中层	14 136.40	405.55	2 064.35	346.05	13 419.15
	180 下层	14 093.70	415.15	2 195.70	350.10	13 698.35
	180 平均	14 055.48	407.43	2 087.43	345.65	13 517.97
pH＝4	12	29 602.05	292.55	3 544.05	419.45	9 162.25
	24	25 960.65	216.40	2 465.95	327.25	10 159.80
	36	18 434.10	208.25	2 413.90	260.50	9 572.15
	48	13 288.45	191.80	2 927.95	213.65	9 220.25
	60	10 181.50	197.70	2 367.30	169.55	8 896.05
	72	8 629.95	163.50	2 655.30	160.50	8 522.10
	84	8 039.65	175.10	2 265.65	139.20	7 770.30
	108	7 534.50	160.65	1 175.50	148.90	6 935.75
	120	8 291.75	169.95	1 209.60	133.25	6 902.30
	144	8 737.70	160.75	1 583.55	101.20	7 027.85
	156	7 192.85	158.85	1 434.75	108.95	6 710.55
	168	6 664.80	177.50	1 351.30	109.10	6 595.35
	180 上层	6 299.85	165.25	1 412.55	111.30	6 271.00
	180 中层	7 670.55	170.35	951.95	131.80	7 186.20
	180 下层	7 743.70	165.15	1 345.70	141.35	7 729.20
	180 平均	7 238.03	166.92	1 236.73	128.15	7 062.13

表 6.11　金属元素洗脱量

	淋洗柱	Al	Ca	K	Mg	Na	U	U 去除率/%
[固相元素组分] /(mg/kg)	1	20 780.33	751.32	3 230.68	434.05	15 831.82	67.80	59.64
	2	24 568.15	852.10	3 821.15	488.03	16 895.07	83.77	51.45
	3	9 272.57	456.07	2 056.38	252.02	11 648.67	34.13	79.69
	4	16 852.39	626.16	2 200.62	346.34	13 854.43	51.29	68.34
	5	10 228.91	339.51	1 897.63	294.75	11 560.15	35.83	80.03
	6	15 808.23	563.75	2 316.05	354.04	13 657.65	50.65	68.96
	7	7 238.03	166.92	1 236.73	128.15	7 062.13	7.88	95.46
	8	14 055.48	407.43	2 087.43	345.65	13 517.97	34.70	73.94
[液相元素组分] /(mg/L)	1	6 826.36	203.627	957.25	110.628	3 803.618	27.73	
	2	5 552.81	185.282	782.62	97.252	3 415.372	23.92	
	3	9 272.57	456.07	2 056.38	252.02	11 648.67	34.22	
	4	7 348.82	141.69	1 105.78	101.32	3 282.32	29.98	
	5	9 153.68	165.47	1 221.68	105.33	3 803.74	8.56	
	6	7 766.11	158.82	1 143.19	92.91	3 074.15	10.32	
	7	8 247.28	59.764	1 181.27	67.243	2 084.584	9.29	
	8	6 853.48	38.48	1 082.37	58.54	1 942.68	7.61	

表 6.12　树脂吸附量

编号	阳离子交换树脂/g	阴离子交换树脂/g	pH	U 吸附量/(mg/g)
1			4	
2			5	
3	50.21		4	0.12
4	50.33		5	0.08
5		50.55	4	1.23
6		50.18	5	0.93
7	50.01	50.13	4	0.14/1.36
8	50.12	50.21	5	0.09/1.06

6.4.2　不同浓度柠檬酸联合两种交换树脂对铀尾矿土壤中 U 形态影响

　　环境科学已有研究表明，单一从土壤中超标元素含量是无法充分评价重金属在土壤中的毒性，以及生物有效性的[29-31]。铀土修复实验中常常需要对目标金属经处理前后在土壤中的形态及各形态转化规律进行分析，才能够有效的评价重金属对环境与生态的影响[32-34]。由上述实验发现此污染场地经过柠檬酸淋洗铀污染土壤在淋洗液 pH 控制在 4 时效果最佳。

　　图 6.6 为不同柠檬酸浓度下联合两种交换树脂淋洗修复土壤中铀各个形态质量百分比，实验通过超声法与振荡法两种方法作为参考样。土壤中铀的水溶态分别减少：0.2%、0.6%、1.2% 与 1.8%；铀的可交换态铀分别下降 1.2%、3.8%、3.4% 与 5.5%；土壤中碳酸盐结合态分别减少 7.2%、13.5%、21.6% 与 27.7%；铀的铁锰氧化物结合态分别增加了 5.6%、5.9%、10.8% 与 13.4%；铀的有机结合态分别增加 2.6%、4.8%、7.9% 与 8.4%；铀的残渣态分别增加：1.16%、8.83%、8.46% 与 13.88%。通过 TOC 分析仪对不同循环淋洗条件下土壤进行测试，相比原始土壤总有机碳含量均出现明显提升，这与土壤形态分析结果一致，从联合离子交换树脂分析 TOC 含量，使用柠檬酸联合阴、阳离子交换树脂对 U 污染土壤进行修复后，土壤总有机碳含量上升最为明显，侧面反映柠檬酸联合阴阳离子交换树脂会为土壤提供可能碳源，为微生物及植物生长提供保障[35]。同时经淋洗后土壤可能达到二次利用以及复耕条件。淋洗前后总有机碳含量见表 6.13。

表 6.13　循环淋洗实验土壤总有机碳含量表

仪器设备	检测样本	总有机碳含量/（g/kg）
	原始土壤	15.55
	柠檬酸淋洗土壤	20.72
TOC 仪/XPERT	柠檬酸联合阳离子交换树脂淋洗土壤	25.07
	柠檬酸联合阴离子交换树脂淋洗土壤	27.27
	柠檬酸联合阴、阳离子交换树脂淋洗土壤	29.44

　　金属存在于土壤之中的形态存在着这样的规律：游离态的重金属元素毒性通常远大于其他形态，在氧化环境下，水溶态、可交换态、碳酸盐结合态属于容易释放的毒素的形态；在还原形条件下铁锰氧化物结合态更容易释放毒性，具有较高的环境风险[36-37]。从实验结果分析，利用超声法与振荡法对土壤中铀进行分步提取，铀的各个淋洗前后形态差异并不大，其中原始土壤主要以碳酸盐结合态与铁锰氧化态为主，有机结合态与可交换态含量约占总含量 10%，在 pH＝4 的柠檬酸溶液淋洗后，土壤中碳酸盐结合态减

少接近 30%，同时铀的残渣态也出现大幅上升，铁锰氧化态与有机结合态略有上升，水溶态初始含量较低，淋洗过后水溶态绝对含量已不足 0.3%。总结分析，通过淋洗前后土壤中铀的形态对比，土壤中的铀主要是由不稳定的水溶态、碳酸盐结合态以及可交换态转移为相对稳定的铁锰氧化物结合态与残渣态之中。产生这种现象的原因主要是因可能是在通过施用离子交换树脂过程中，离子树脂会持续吸附柠檬酸淋洗出土壤中的各类离子，而不仅仅是铀元素，并使得淋洗液始终处于一个低金属含量的状态即不饱和态，从而致使淋洗液再次循环至目标土壤中依然保持着较高的淋洗效率。此外，土壤中可交换态、碳酸盐结合态、水溶态的铀向残渣态铀转换的原因去可能是填充吸附塔的硫酸基在为 UO_2^{2+} 还原为 UO_2 沉淀的过程中提供了电子，形成在土壤中稳定存在的 UO_2，而土壤中可交换态、碳酸盐结合态铀向无定型铁锰氧化物－氢氧化物结合态铀转化的原因是实验采用的阳离子交换树脂通过季氨基与铀酸根或重铀酸根反应，并吸附在高分子骨架的空学位上所造成[38-40]。

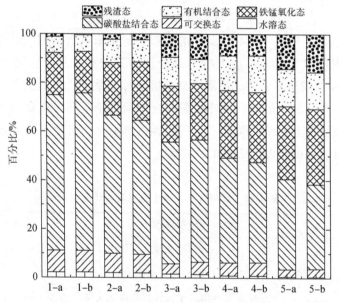

图 6.6　不同柠檬酸浓度下联合两种交换树脂淋洗修复土壤中铀各个形态质量百分比

图中：1－a：原始土（超声法）；1－b：原始土（振荡法）；2－a：柠檬酸＋土（超声法）；2－b：柠檬酸＋土（振荡法）；3－a：柠檬酸＋阳离子树脂＋土（超声法）；3－b：柠檬酸＋阳离子树脂＋土（震荡法）；4－a：柠檬酸＋阴离子树脂＋土（超声法）；4－b：柠檬酸＋阴离子树脂＋土（振荡法）；5－a：柠檬酸＋阴、阳离子树脂＋土（超声法）；柠檬酸＋阴、阳离子树脂＋土（振荡法）。

6.4.3　不同浓度柠檬酸联合两种交换树脂对铀尾矿土壤中 U 迁移性影响

为了评估重金属在土壤中的有效性、迁移性和潜在的生物有效性以及柠檬酸联合两种离子交换树脂对铀的固定效果，因此引入迁移因子[41-43]。引入迁移性因子参数 R_{MF}

（mobility factor）作为参考，R_{MF}的计算见式（6.3）。土壤中R_{MF}偏高，可认为重金属在土壤中具有较高的不稳定性和生物可利用性。

$$R_{MF} = \frac{F1 + F2 + F3}{F1 + F2 + F3 + F4 + F5 + F6} \tag{6.3}$$

式中：$F1$为水溶态铀所占百分比；$F2$为可交换态铀所占百分比；$F3$为碳酸盐结合态铀所占百分比；$F4$为铁锰氧化物结合态铀所占百分比；$F5$为有机结合态铀所占百分比；$F6$为残渣态铀所占百分比。

图6.7为pH＝4条件下，不同循环淋洗方案下R_{MF}变化的分布图，可见在单一使用柠檬酸淋洗铀污染土壤时，土壤R_{MF}下降明显，在联合阳离子交换树脂时，土壤R_{MF}下降并不明显，这与使用阳离子交换树脂填充吸附塔时，液相中铀含量略大于单一使用柠檬酸作为淋洗剂实验现象一致。使用阴离子交换树脂填充吸附塔与联合阴阳离子填充吸附塔，R_{MF}下降明显，通过之前的循环柱浸实验和土壤形态实验中循环淋洗液中液相铀浓度低，且土壤中铀向残渣态转换较多结论一致。由此说明，在经过柠檬酸联合阴阳离子交换树脂循环淋洗目标土壤实验会促使土壤中铀的水溶态、可交换态、碳酸盐结合态朝着较为稳定的铀形态转化，同时抑制着稳定态铀向不稳定态的转化。

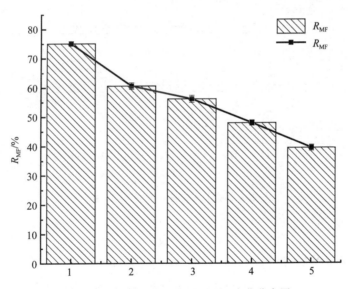

图6.7 不同循环淋洗类型下R_{MF}变化分布图

（1：原始土R_{MF}；2：柠檬酸＋土R_{MF}；3：柠檬酸＋阳离子树脂＋土R_{MF}；4：柠檬酸＋阴离子树脂＋土R_{MF}；5：柠檬酸＋阴、阳离子树脂＋土R_{MF}。）

6.4.4 XRD分析

图6.8为经过柠檬酸联合阴、阳离子交换树脂淋洗前后土壤XRD图谱，从图6.8可见，土壤经过淋洗前淋洗后主峰位置均未发生改变，且完全拟合JADE中SiO_2衍射

图谱，唯一出现差距的地方是通过不同的淋洗方式，SiO_2 峰值有所变化，并表现为单一淋洗峰值高于淋洗联合树脂，且通过柠檬酸联合两种离子交换树脂循环淋洗目标土壤对峰值影响最大，这可能是因为，淋洗效率高的方式会带走土壤表面更多的重金属元素，从而使得 XRD 峰值变低，同样验证了柠檬酸联合阴、阳离子交换树脂循环淋洗土壤修复效果最佳的实验结论。

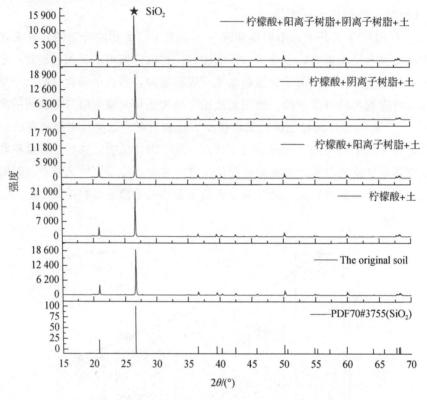

图 6.8　循环淋洗前后土壤 XRD 变化

6.4.5　SEM/EDS 分析

图 6.9 显示了洗涤前后土壤颗粒的表面变化的 SEM 图片。可以看出，在图 6.9（a）中，大量的铀片附着在原始土壤的表面。用柠檬酸洗涤后，土壤表面的铀片开始减少，但仍有一定数量的铀片附着在原土壤上。然而，使用柠檬酸结合阴阳离子交换树脂清洗后，目标土壤表面的铀片数量明显减少。可以看出，柠檬酸对目标土壤有一定的洗涤作用，而柠檬酸结合阴阳离子交换树脂的循环洗涤效果最好。

(a)　合并清洗前的土壤扫描图

(b)　用柠檬酸清洗后的土壤的SEM

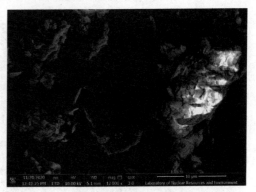

(c)　联合清洗后的土壤的SEM

图 6.9　洗涤前和洗涤后土壤的 SEM 结果

　　图 6.10 是清洗前后的树脂表面的 SEM 图像。可以看出，没有循环洗涤液的树脂表面比较光滑，而循环洗涤液后的树脂表面有许多不同的铀片，其中阳离子交换树脂的铀片较少。此外，阴离子交换树脂表面有大量的铀片附着在上面。这与使用消化树脂测量的铀含量数据相同。

　　D001×7 强酸阳离子交换树脂是一种在交联的苯乙烯－二乙烯基苯共聚物上带有磺酸基（—SO_3H）的阳离子交换树脂。D201×7 强碱性苯乙烯阴离子交换树脂实质上是一种由聚合物骨架、离子交换基和孔组成的不溶性高分子化合物。它可以通过季铵基［—$n(CH_3)_3OH$］与铀酸盐或重铀酸盐反应，并将其吸附在聚合物骨架的孔上而富集铀。图 6.11 显示了阴阳离子交换树脂吸附前后的 EDS 光谱。可以看出，阳离子交换树脂主要由 C、O、Na、S 和其他元素组成，而阴离子交换树脂则主要由 C、O、Cl 和其他元素组成。结果显示，循环洗涤实验后，树脂中的初级元素峰值下降，出现了一系列常规金属元素和铀的特征峰。这可能是由于树脂表面的官能团与铀离子之间发生了离子交换和络合反应。

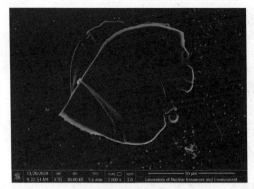

（a）阳离子交换树脂的原始SEM

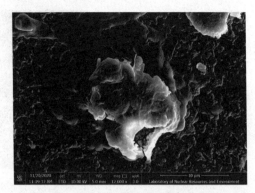

（b）阴离子交换树脂的原始SEM

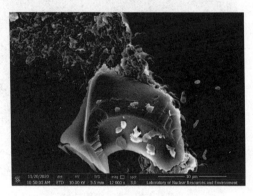

（c）阳离子交换树脂清洗后的SEM

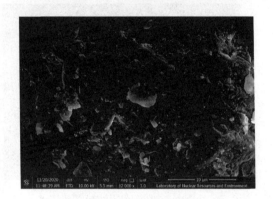

（d）阴离子交换树脂清洗后的SEM

图 6.10　洗涤前和洗涤后的树脂的 SEM 结果

6.5　本章小结

本研究揭示了，在不破坏土壤结构的弱酸性条件下，柠檬酸对铀有着一定的淋洗效果，以及阴、阳离子交换树脂对铀的吸附机理与选择性。说明了再弱酸性条件下柠檬酸联合阴、阳离子交换树脂循环淋洗供试土壤通过不断更新淋洗液中金属元素饱和度，对污染土壤有着优秀的铀去除效果。通过 XRD 表征实验说明，实验控制 pH 在 4、5，可以保证土壤结构不被破坏。通过 SEM 分析可以清洗观察到土壤表面铀片的消失。以两种树脂填充吸附塔，会促使土壤中铀朝着铁锰氧化物结合态与残渣态转换，提高了残余土壤中铀的稳定性。在循环淋洗实验中，淋洗液 pH、选用树脂以及淋洗装置组成对土壤中铀的固定有着较大影响。在 pH＝4，选用 D201×7 强碱性苯乙烯阴离子交换树脂与 D001×7 强酸性阳离子交换树脂对目标土壤中铀的去除率可达到 95.5％。此实验为铀尾矿库土壤中铀的富集分离具有一定参考价值。

(a) 吸附前阳离子交换树脂的EDS图

(b) 吸附前阴离子交换树脂的EDS图

(c) 阳离子交换树脂吸附前的EDS图

(d) 阴离子交换树脂吸附前的EDS图

图 6.11 吸附前后的树脂 EDS 图

参考文献：

[1] Sun Y, Li Y. Application of surface complexation modeling on adsorption of uranium at water-solid interface: A review [J]. Environmental Pollution, 2021, 278: 116861.

[2] Zhang Yuan-yuan, et al. Influence on uranium (Ⅵ) migration in soil by iron and manganese salts of humic acid: Mechanism and behavior [J]. Environmental

Pollution，2020，256.

[3] A review of potential remediation techniques for uranium （Ⅵ） ion retrieval from contaminated aqueous environment ［J］. Journal of Environmental Chemical Engineering，2014，2 （3）：1621-1634.

[4] Gong Y，Zhao D，Wang Q. An overview of field-scale studies on remediation of soil contaminated with heavy metals and metalloids：Technical progress over the last decade ［J］. Water Research，2018，147 （DEC. 15）：440-460.

[5] Fuller A J，Leary P，Gray N D，et al. Organic complexation of U （Ⅵ） in reducing soils at a natural analogue site：Implications for uranium transport ［J］. Chemosphere，2020：126859.

[6] Chen C A，Xza B，Tj A，et al. Removal of uranium （Ⅵ） from aqueous solution by Mg (OH)$_2$-coated nanoscale zero-valent iron：Reactivity and mechanism—ScienceDirect ［J］. Journal of Environmental Chemical Engineering，2020.

[7] Srivastava V J，Hudson J M，Cassidy D P. In situ solidification and in situ chemical oxidation combined in a single application to reduce contaminant mass and leachability in soil ［J］. Journal of Environmental Chemical Engineering，2016，4 （3）：2857-2864.

[8] Wang Qi，et al. Alteration of soil-surface electrochemical properties by organic fertilization to reduce dissolved inorganic nitrogen leaching in paddy fields ［J］. Soil & Tillage Research，2021，209.

[9] Jiang Mingli，et al. Recycling of chemical eluent and soil improvement after leaching ［J］. Bulletin of Environmental Contamination and Toxicology，2020，104 （1）：128-133.

[10] Liu Z，Lu B，Xiao H，et al. Effect of mixed solutions of heavy metal eluents on soil fertility and microorganisms ［J］. Environmental Pollution，2019，254：112968.

[11] Enhancement of repeated applications of chelates on phytoremediation of uranium contaminated soil by Macleaya cordata. ［J］. Journal of Environmental Radioactivity，2019.

[12] Jian T A，Tkhb C. Aging and age-related health effects of ionizing radiation—ScienceDirect ［J］. Radiation Medicine and Protection，2020，1 （1）：15-23.

[13] Acb A，Mcq A，Hada A，et al. Uranium separation from acid mine drainage using anionic resins—An experimental/theoretical investigation of its chemical speciation and the interaction mechanism—ScienceDirect ［J］. Journal of Environmental Chemical Engineering，7 （1）：102790-102790.

[14] Li G，Yang X，Liang L，et al. Evaluation of the potential redistribution of chromium fractionation in contaminated soil by citric acid/sodium citrate washing ［J］. Arabian Journal of Chemistry，2017，10 （S1）：S539-S545.

[15] Xin K A，Fei J，Yan Z A，et al. Removal of Cd，Pb，Zn，Cu in smelter soil by citric acid leaching [J]. Chemosphere，2020，255.

[16] Amphlett J，Choi S，Parry S A，et al. Insights on uranium uptake mechanisms by ion exchange resins with chelating functionalities：Chelation vs. anion exchange [J]. Chemical Engineering Journal，2019，392：123712.

[17] Amphlett J，Choi S，Parry S A，et al. Insights on uranium uptake mechanisms by ion exchange resins with chelating functionalities：Chelation vs. anion exchange [J]. Chemical Engineering Journal，2019，392：123712.

[18] J. Liu et al. A critical review on soil washing during soil remediation for heavy metals and organic pollutants [J]. International Journal of Environmental Science and Technology，2021：1-24.

[19] Deok Hyun Moon，et al. Assessment of soil washing for heavy metal contaminated paddy soil using $FeCl_3$ washing solutions [J]. Environmental Geochemistry and Health，2021：1-8.

[20] Liu J，et al. A critical review on soil washing during soil remediation for heavy metals and organic pollutants [J]. International Journal of Environmental Science and Technology，2021：1-24.

[21] Baragaño Diego，et al. As sorption onto Fe-based nanoparticles and recovery from soils by means of wet high intensity magnetic separation [J]. Chemical Engineering Journal，2020：408.

[22] Zhang Pei-Wen，et al. Application of waste lemon extract to toxic metal removal through gravitational soil flushing and composting stabilization [J]. Sustainability，2020，12 (14).

[23] Li Y，Wang Y，Khan M A，et al. Effect of plant extracts and citric acid on phytoremediation of metal-contaminated soil [J]. Ecotoxicology and Environmental Safety，2021，211 (11)：111902.

[24] Hosseini S S，Lakzian A，Halajnia A，et al. Optimization of EDTA and citric acid for risk assessment in the remediation of lead contaminated soil [J]. Rhizosphere，2020，17.

[25] Hazrati S，Farahbakhsh M，Heydarpoor G，et al. Mitigation in availability and toxicity of multi-metal contaminated soil by combining soil washing and organic amendments stabilization [J]. Ecotoxicology and Environmental Safety，2020，201：110807.

[26] Thinh N V，Osanai Y，Adachi T，et al. Removal of lead and other toxic metals in heavily contaminated soil using biodegradable chelators：GLDA，citric acid and ascorbic acid [J]. Chemosphere，2020，263：127912.

[27] Zheng Y, Yan Y, Yu L, et al. Synergism of citric acid and zero-valent iron on Cr (Ⅵ) removal from real contaminated soil by electrokinetic remediation [J]. Environmental Science and Pollution Research, 2020, 27 (3).

[28] Xiao J, Zhou S, Chu L, et al. Electrokinetic remediation of uranium (Ⅵ) - contaminated red soil using composite electrolyte of citric acid and ferric chloride [J]. Environmental Science and Pollution Research, 2020, 27 (4): 1-11.

[29] Prieto C, Lozano J C, Rodriguez P B, et al. Enhancing radium solubilization in soils by citrate, EDTA, and EDDS chelating amendments [J]. Journal of Hazardous Materials, 2013, 250-251 (apr. 15): 439-446.

[30] Asrari, Elham. Heavy metal contamination of water and soil (Analysis, Assessment, and Remediation Strategies) ‖ Assessment of The Efficacy of Chelate-Assisted phytoextraction of Lead By Coffeeweed (Sesbania exaltata Raf.) [J]. 2014.

[31] Lee I H, Seol M S. A Study on the remediation of lead contaminated soil in a clay shooting range with soil washing [J]. 2010.

[32] Kawamura M, Kawamura M, Kawamura M, et al. Removal of plutonium from radioactive contaminated soils: A review [D]. Tsinghua University, 2017.

[33] Li Y L. Environmental behavior and bioavailability of lead in soil of shooting range [D]. University of Science and Technology of China, 2018. (in Chinese with English abstract).

[34] Zhang L, Chen Y, Ma C, et al. Improving heavy metals removal, dewaterability and pathogen removal of waste activated sludge using enhanced chemical leaching [J]. Journal of Cleaner Production, 2020, 271: 122512.

[35] Li Jiawei. Study on in situ remediation of lead-contaminated soil by leaching-adsorption [D]. Yanshan University.

[36] Wang J J. Study on the variation characteristics and influencing factors of soil aggregate organic carbon components in saline alkaline soil region [D]. Jilin University, 2020.

[37] Zhang Q, Larson S L, Ballard J H, et al. Uranium metal corrosion in soils with different soil moisture regimes [J]. Corrosion Science, 2020, 179: 109138.

[38] Foulkes M, Millward G, Henderson S, et al. Bioaccessibility of U, Th and Pb in solid wastes and soils from an abandoned uranium mine [J]. Journal of Environmental Radioactivity, 2016, 173: 85.

[39] Wen Z, Huang K, Niu Y, et al. Kinetic study of ultrasonic-assisted uranium adsorption by anion exchange resin [J]. Colloids and Surfaces A: physicochemical and Engineering Aspects, 585.

［40］Ang K L，Li D，Nikoloski A N. The effectiveness of ion exchange resins in separating uranium and thorium from rare earth elements in acidic aqueous sulfate media. Part 2. Chelating resins［J］. Minerals Engineering，2018，123：8-15.

［41］Chen Y，Wei Y，He L，et al. Separation of thorium and uranium in nitric acid solution using silica based anion exchange resin［J］. Journal of Chromatography A，2016：37-41.

［42］Zhou Shukui，Li Zhidong，Liu Yingjiu，et al. Effect of zero-valent nano-iron on uranium form distribution and fixation in soil of uranium tailings［J］. Chinese Journal of Environmental Engineering，2019，13（07）：1727-1734.

［43］Yang Z，Li Y，Lou Q，et al. Release of uranium and other trace elements from coal ash by（NH_4）$_2SO_4$ activation of amorphous phase［J］. Fuel，2019，239（MAR. 1）：774-785.